资助 国家基础科学人才培养基金项目(J1310038)
中国地质大学(武汉)地质学基地野外实践能力提高项目

北戴河地质认识实习指导书

BEIDAIHE DIZHI RENSHI SHIXI ZHIDAOSHU

朱宗敏　陈　林　王家生　编著

中国地质大学出版社
ZHONGGUO DIZHI DAXUE CHUBANSHE

图书在版编目(CIP)数据

北戴河地质认识实习指导书/朱宗敏,陈林,王家生编著. —武汉:中国地质大学出版社,
2019.6(2024.1重印)

ISBN 978-7-5625-4483-8

Ⅰ.①北…
Ⅱ.①朱… ②陈… ③王…
Ⅲ.①区域地质-北戴河-高等学校-教学参考资料
Ⅳ.①P562.223

中国版本图书馆 CIP 数据核字(2019)第 102106 号

北戴河地质认识实习指导书		朱宗敏 陈 林 王家生 编著
责任编辑:王 敏	选题策划:段连秀	责任校对:徐蕾蕾
出版发行:中国地质大学出版社(武汉市洪山区鲁磨路388号)		邮编:430074
电 话:(027)67883511	传 真:(027)67883580	E-mail:cbb@cug.edu.cn
经 销:全国新华书店		http://cugp.cug.edu.cn
开本:787 毫米×1 092 毫米 1/16		字数:240 千字 印张:9 插页:3
版次:2019 年 6 月第 1 版		印次:2024 年 1 月第 4 次印刷
印刷:武汉中远印务有限公司		印数:3 001—4 000 册
ISBN 978-7-5625-4483-8		定价:42.00 元

如有印装质量问题请与印刷厂联系调换

前 言

高度重视野外实践教学是中国地质大学地质学及相关专业本科生培养的传统与特色，北戴河地质认识实习是野外实践教学的第一个环节，旨在帮助学习了"普通地质学"等专业入门课程的低年级本科生认识基本的地质现象、学习野外地质工作基本技能、培养基本地质思维并体验"快乐地质"。近年来，在北戴河野外实践教学团队的不懈努力下，北戴河地质认识实习被打造成学生们口中的"地质初恋"。

《北戴河地质认识实习指导书》是针对北戴河地质认识实习的教学参考书。该书在王家生教授主编的《北戴河地质认识实践教学指导书》（2004年、2011年版本）基础上，结合北戴河野外实践教学团队近5年的课程建设及教学工作经验修编而来。该书也是中国地质大学（武汉）地球科学学院地球生物学系、岩石矿物学系、构造地质学系、地球化学及地理科学系教员们多年野外教学工作和经验的积累。在原教材基础上，该指导书添加了近年来对实习区基础地质现象的研究成果和最新认识，修正并更新了部分教学内容，并提供了各条路线的基本教学思路和方法，以加强地质思维和地质时空观的培养，供师生在教和学中参考。

新编的《北戴河地质认识实习指导书》由朱宗敏负责设计和统编。其中，第一章绪论和第二章区域地质概况是在王家生教授主编的教材上适当修编而来的，该部分工作主要由陈林完成。第三章野外地质教学实习路线主要由朱宗敏编写，共包括八小节内容，即8条野外地质教学路线，每节均包含相关基本任务、出野外前的知识储备、野外具体观察和描述内容、教学方法及课后总结与思考6个部分，佘振兵教授协助编写了第三章第七节以及第四章第四节的内容。第四章野外地质工作基本方法和技能部分进一步完善了原有教材的内容，其中实习区地质图（附图1）由地球科学学院朱云海教授根据前人资料编制，地形图（附图2、附图3）由信工学院吴北平教授提供，研究生吴程清绘了教材中部分图件。

该指导书的修编获得了中国地质大学（武汉）副校长赖旭龙教授、原教务处处长殷坤龙教授的大力支持。湖北省教学名师马昌前教授、童金南教授和龚一鸣教授在教学内容的完善和教学方法的改进方面提供了重要指导。地球科学学院杨坤光教授、朱云海教授、郑建平教授、谢树成教授以及资源学院杨香华教授、周江羽教授、吕新彪教授、石万忠教授等前辈在修正、更新及丰富教学内容方面给予了极大帮助。书中大量的照片为谢树成教授亲自拍摄，尤其各条教学剖面的全景照片颇费心思，在此表示衷心感谢！同时，感谢地球科学学院领导、同事多年来对北戴河野外实践教学工作的重视和辛勤付出！

编著者

2019年5月

目 录

第一章 绪 论 (1)
第一节 实习基地沿革 (1)
第二节 实习区人文和自然地理概况 (3)
第三节 实习目的、要求、内容及成绩评定 (6)
第四节 野外实习学生注意事项 (9)

第二章 区域地质概况 (12)
第一节 地 层 (12)
第二节 岩浆岩和变质岩 (24)
第三节 构 造 (35)
第四节 矿 产 (39)
第五节 区域地质发展简史 (41)

第三章 野外地质教学实习路线 (42)
第一节 新河河口三角洲—鸽子窝—海上音乐厅基岩海岸地质作用 (42)
第二节 老虎石基岩海岸路线 (54)
第三节 燕山大学北近代风化壳—山东堡沙质海滩路线 (61)
第四节 鸡冠山构造运动形成的不整合界面与断裂构造以及元古宙地层 (69)
第五节 亮甲山—沙锅店碳酸盐岩及岩溶地貌路线 (76)
第六节 石门寨碎屑岩观察路线 (87)
第七节 上庄坨火山岩和大石河河谷地貌观察路线 (93)
第八节 燕塞湖正长岩侵入体和大石河下游河谷地貌 (100)

第四章 野外地质工作基本方法和技能 (105)
第一节 地形图、罗盘和放大镜的使用方法 (105)
第二节 野外记录簿的使用和地质绘图 (113)
第三节 地质标本采集 (120)

第四节　沉积岩与岩浆岩的野外鉴定方法 …………………………………………（122）

　　第五节　实习区常见的矿物的鉴定特征 ……………………………………………（131）

主要参考文献 ………………………………………………………………………………（134）

常用地质图例 ………………………………………………………………………………（136）

附图1　实习区地质图

附图2　秦皇岛市抚宁区地形简图

附图3　秦皇岛市海港区地形简图

第一章 绪 论

第一节 实习基地沿革

中国地质大学"北戴河实习站"位于河北省秦皇岛市山东堡村,地处北戴河海滨区和秦皇岛海港区之间,距山东堡海滩约400m(图1-1)。早在1953年,原北京地质学院就在秦皇岛地区开展野外教学活动。

图1-1 北戴河实习站地理位置图(百度地图,2019)

1979年该地区成为原武汉地质学院野外固定实习点。1984年原武汉地质学院在山东堡村一个荆棘丛生的荒沙滩上建立了相对稳定的实习站,初期建有3排平房和大部分活动板房,路面用沙土铺垫,用水靠缸装瓢舀,生活条件较为艰苦(图1-2)。长期以来,原地质系"普地教研室"的老师们克服了重重困难,发扬地质勘探队员艰苦奋斗的优良传统,每年高质量地完成了教学实习任务。

1994年底,中国地质大学投资220万元修建了综合教学楼,并于1995年暑期投入使用,

图1-2 建站初期北戴河实习站景色(据1985年实习学生素描)

大大缓解了实习师生住房困难。次年又投资修建了锅炉房,解决了洗浴供暖问题。在历届校领导的关心和支持下,从1995年开始实习站与燕山大学开展联合办学。2001年实习站自筹资金400多万元(刘爱民,2004),新建了学生宿舍楼(2 000m²)和教学楼(3 400m²),扩建了食堂和浴室,修建了篮球场和田径场等体育设施和场地(图1-3)。2016年新建了教师公寓、学生机房,并翻新了足球场。经过30多年的建设,目前北戴河实习站拥有固定资产4 000多万元,建筑面积近15 000m²。其中教学用房接近5 000m²,有阶梯式多媒体教室2个、普通教室8个、学生用电脑教室2个(80座)、语音教学实验室1个(60座)、地质教学陈列室1个。在教学楼、办公室等地配备了网络通信。绿地面积超过2 000m²,树木茂盛、空气清新。后勤服务设施配套齐全,配有近千套行李铺设。

图1-3 实习站全貌俯瞰图(拍摄于2016年)

实习站的周边环境日益改善,附近有山东堡海滨立交桥、燕山大学、中铁七局三处医院和铁路电气化工程局接待处等单位。实习站交通便捷,距风景区北戴河海滨约7km,距山海关、老龙头景区约25km,距山东堡海滩约400m。

完善的基础设施、便利的交通条件,使实习站成为国内知名的实习实践基地。每年暑期承担中国地质大学北京、武汉两地上千名学生的实习任务,同时对外开放接待兄弟院校和旅游观光客人等。"北戴河实习站"已由原来单一的野外地质认识实习基地,深化变成了集地质、地理、地球物理、水文、旅游、人文、生物海洋等多学科(专业)学生实习和成人教学、旅游接待、办公等一体化的多功能综合基地,名称也由"北戴河实习站"改为"秦皇岛实习基地"。

第二节 实习区人文和自然地理概况

"大雨落幽燕,白浪滔天,秦皇岛外打鱼船,一片汪洋都不见,知向谁边?往事越千年,魏武挥鞭,东临碣石有遗篇。萧瑟秋风今又是,换了人间。"[《浪淘沙·北戴河》(图1-4)]。谁能不为这水天相接、波涛汹涌的大海所倾倒,并产生一种对北戴河实习站的向往之情呢?

图1-4 北戴河鸽子窝公园毛主席雕像及其《浪淘沙·北戴河》题词(陈林拍摄,2017)

秦皇岛市地处河北省东北部,南临渤海,北倚燕山,东邻辽宁省,西近北京市、天津市和承德市,是联系东北、华北两个经济区的枢纽(图1-5)。秦皇岛口岸自1898年设关以来,至今已有一百多年历史。秦皇岛市现辖4个区(海港区、山海关区、北戴河区、抚宁区)、2个县(昌黎县、卢龙县)、1个自治县(青龙满族自治县),此外秦皇岛市还设有国家级秦皇岛经济技术开发区和副厅级新区北戴河新区。秦皇岛市总面积7 812.4km²,2017年末全市常住人口311.08万人。秦皇岛市2017年11月获"全国文明城市"光荣称号,2018年10月获"2018年国家森林城市"荣誉称号。秦皇岛市境内地貌类型多样,山地、丘陵、平原、海岸带从北向南呈梯状分布。山地属燕山山脉东段,分布于抚宁区、卢龙县北部和青龙满族自治县内,高程多在200~1 000m之间,海拔1 846m的都山是燕山山脉东段主峰和境内最高峰。北部丘陵山地沟壑纵横,河流众多,建有水库300多座,其中洋河水库、大石河水库较著名(图1-5)。

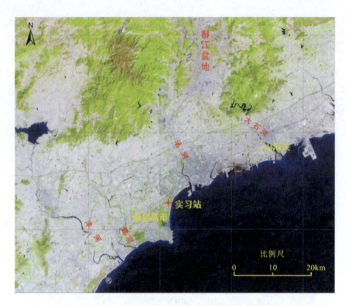

图 1-5　北戴河市西区遥感影像图(李辉制作,2021)

实习站建在海港区和北戴河区之间的山东堡村。教学实习路线东起山海关,西至南戴河,北起柳江盆地,南至渤海海滨,东西长约 35km,南北宽约 25km,涉及海港区、北戴河海滨、山海关区和抚宁区石门寨等地区。实习区北部为一个近南北延伸的丘陵盆地——柳江盆地,盆地南北长约 20km,东西宽约 10km,东、北、西三面被陡峻的中低山所包围,仅南面地势低平。盆地内最高峰"老君顶"位于盆地北部,海拔 493m。盆地西北部海拔多在 400m 以上,地势较陡;盆地东南部地势较低,一般为 200～300m,南部大石河河谷(上庄坨一带)海拔仅 70m 左右。大石河发源于燕山山脉东段的黑山山脉"花榆岭",由西北至西南流经柳江盆地,经山海关南侧在老龙头入渤海,全长 70km,流域面积 560km²,是区内主要水系之一。1974 年河流下游的小陈庄(河流出山口)建坝,建筑了蓄水量为 $7\,000 \times 10^4 m^3$ 的大石河水库"燕塞湖",它曾是秦皇岛市的主要饮水源,现已经成为重要的旅游景点。

秦皇岛市海岸线长 126.4km,其中 20.5km 为基岩海岸,其余为沙质海岸。基岩海岸广泛发育了侵蚀地貌,例如海蚀崖、海蚀阶地、海蚀穴、海蚀凹槽、海蚀柱、海蚀穿等。沙质海岸主要有台地、沙丘、海堤、潟湖、滩涂等。由于入海河流较少,海水含盐度相对较高,加上黄海暖流流经该海区,使得秦皇岛港成为我国北方著名的不冻港,属国家一类口岸,成为我国煤炭、石油等能源的主要输出港。北京至沈阳、北京至秦皇岛、大同至秦皇岛三条国家铁路干线,京—沈、津—秦两条公路干线和京哈高速公路穿越海港区。秦皇岛飞机场(北戴河国际机场、山海关机场)连接北京、上海、广州、沈阳、哈尔滨、青岛、大连、石家庄等城市。秦皇岛是我国 14 个对外开放的沿海港口城市之一,处于环渤海经济圈的关键区位,逐渐成为拉动中国北方地区经济发展的发动机。

秦皇岛市的气候类型属于暖温带,地处半湿润区,属于温带大陆性季风气候。因受海洋影响较大,气候比较温和,春季少雨干燥,夏季温热无酷暑,秋季凉爽多晴天,冬季漫长无严寒。年平均降水 654.9mm 左右,其中 80% 集中在暑期(6、7、8 三个月),故每年夏季多山洪发生。山洪期间，多以大石河、汤河、戴河等作为排泄渠道。地下水位夏季高、冬季低，总体趋势西北高、东南低，与地形起伏基本一致。北戴河海滨总体为侵蚀丘陵地形，北戴河西北部的东联峰山海拔为152.9m。秦皇岛有多条河流入海，自东往西依次有汤河、新河、戴河、洋河、饮马河。其中，汤河全长20km，入海口位于海港区汤河口，离实习站北侧约3km；新河全长15km，在鹰角亭北侧入渤海；戴河长约35km，流域面积290km^2，在戴河河口入海。

北戴河地区受海洋气候影响较大，年温差变化比同纬度的北京要小得多，全年平均气温8.9～10.3℃，最冷月份(1月)−9.3～−5.4℃，最热月平均气温24.1～25.2℃。暑期海水温度24～25℃，沙面温度31～33℃，气温约24.5℃。滨海地区的空气含负离子4 000个/cm^3，高于一般城市10～20倍，为北戴河海滨疗养、旅游事业提供了得天独厚的自然条件。

秦皇岛市自然资源丰富。已探明的矿产资源有黄金、铅、铜、铁、锌、石英、耐火黏土、石墨、煤和大理石等40多种。秦皇岛因海岸线长，特产为虾、海参、海蜇等海产品，是中国北方重要的海产品基地之一。果树栽培已有2 500多年历史，林果资源丰富，主要有苹果、桃、葡萄等品种190余种。粮食作物主要品种有玉米、水稻、高粱、白薯。本区淡水资源缺乏，已成为秦皇岛市可持续发展迫切需要解决的问题。

秦皇岛是中国甲级旅游城市之一，北戴河曾是中共中央暑期办公地点。秦皇岛市海港区是秦皇岛市委、市政府所在地，是全市政治、经济、文化中心。主要企业有著名的能源大港秦皇岛港和中外驰名的耀华玻璃厂。自1984年秦皇岛市被国务院列为全国沿海开放城市之后，全市改革开放的步伐加快，经济建设蓬勃发展，市容、市貌也有较大改观。海港区内，各式高楼拔地而起，街道宽阔整洁，各种树木花草点缀其间，为城市增添了活力。市内交通便利，通信发达，宾馆、公园、商场和影院比比皆是，为游客的吃、住、行、游、娱和购物提供了便利的条件。秦皇求仙入海处、亚运会海上运动场、人民公园等是区内的主要旅游点。

北戴河海滨区依山傍水，婀娜秀美的联峰山植被繁茂，山色青翠，各种松柏四季常青，花团锦簇。戴河沿山脚蜿蜒入海。联峰山中古迹文物众多，奇岩怪洞密布，各种风格的亭台别墅掩映其中，如诗如画。这里曾是毛泽东等老一辈党和国家领导人的避暑圣地。东南面是悠缓漫长的海岸线，质细坡缓，沙软潮平，水质良好，盐度适中。沿海开辟的30多个海水浴场，为游客嬉戏大海，享受海浴、沙浴和日光浴提供了理想的场所。东面鸽子窝公园，是观日出、看海潮的最佳境地。每天清晨，游客们便早早地赶到这里，尽情地观赏日出的盛景，领略潮涨潮落的壮观景象。沿海岸线向陆地方向，更有秦皇宫、北戴河影视城、怪楼奇园、金山嘴、海洋公园等旅游景点，加上众多街心公园和花园的点缀，北戴河海滨区的山、海、花、木与各式建筑交相辉映，构成了一幅优美和谐的自然风景画。

山海关区是古代军事要塞，早在新石器时期就有人在此劳动生息。明朝洪武十四年(公元1381年)，中山王徐达奉命修永平、界岭等关口，在此创建山海关，因其倚山连海，故得名"山海关"，被誉为"天下第一关"(图1-6)。

山海关长城汇聚了中国古长城之精华。在明万里长城的东段起点老龙头，长城与大海交汇，碧海金沙，天开海岳，气势磅礴。驰名中外的"天下第一关"雄关高耸，素有"京师屏翰、辽左咽喉"之称。角山长城蜿蜒，烽台险峻，风景如画，这里"榆关八景"中的"山寺雨晴，瑞莲捧日"及奇妙的"栖贤佛光"，吸引了众多的游客。孟姜女庙，演绎着中国四大民间传说之一

图1-6 "天下第一关"——山海关雄姿(来源于百度图片)

"姜女寻夫"的动人故事。中国北方最大的天然花岗岩石洞"悬阳洞",奇窟异石,泉水潺潺,宛如世外桃源。塞外明珠"燕塞湖",美不胜收。

南戴河海滨旅游区位于抚宁区东南19.5km,与北戴河海滨隔河相望,一桥相连。南戴河海滨东起戴河口,西至洋河口,海岸线长1.5km,总面积为2.5km²。南戴河海滨浴场沙软潮平,滩宽和缓,潮汐稳静,最高潮位为1.66m,最低潮位为0.66m,潮差1m左右,水温适度,安全舒适;海底沙细柔软,无礁石碎块,无污泥烂草;海水清澈透明,无污染,是海浴、沙浴和日光浴的理想佳境。著名书法家张仲愈先生曾挥毫写下"天下第一浴"5个大字。

第三节 实习目的、要求、内容及成绩评定

野外实习是中国地质大学地质学专业知识教学的一个重要环节,各级领导均十分重视,学校建有北京市周口店、河北省北戴河、湖北省秭归等野外实习基地。做好教学实习,培养扎实的野外工作能力,是我校地质类专业教学的传统与特色。野外实习是同学们理论联系实际、增长感性认识、培养综合动手能力和锻炼意志、增强体质的良好机会。北戴河地质认识实习是我校一年级大学生,在学习完"普通地质学"或"地球科学概论"等地质学专业基础课后进行的必修实践教学环节(第2学期末暑期完成),它能为后续"教学实习"和"毕业生产实习"打下良好的地质专业基础。

1. 实习目的及要求

通过为期两周的实践教学,学会认识基本的地质现象,掌握开展野外地质工作的基本技能,同时培养科学的地质思维和建立地质时空观,树立艰苦朴素和求真务实的科学态度,开启探索地球科学的大门,激发学生对地质的好奇和兴趣。具体要求如下:

（1）认识基本地质现象：包括自然地理概况，区域地质背景，风化作用和风化壳，河流地质作用过程和产物、三角洲和沉积物，岩溶作用及岩溶地貌，海洋波浪运动、沿岸生物、基岩海岸侵蚀作用和侵蚀地形、沙质海岸沉积作用和沉积地形，地层划分和描述，岩浆侵入作用、侵入岩和接触边界类型、火山作用、火山岩和火山机构，地壳运动及其表现形式，矿产资源和环境保护等。

（2）掌握野外地质工作基本技能：利用地形、地物标志，在地形图上标定地质观察点；使用罗盘确定方位，测量产状和坡度；掌握野外地质记录的基本内容、格式和要求；掌握地质素描图的基本技巧、地质标本的采集和整理方法；认识常见的矿物与岩石。

（3）培养地质思维和时空观，树立正确的科学发展观和人生观。

此外，第一次野外实践教学，同学们将克服复杂的自然、社会环境，因此也是培养艰苦奋斗、实事求是、勇于探索的生活作风和科学精神，通过锻炼意志，增强体质，逐步适应野外地质工作环境的一个好机会。同时，也有利于同学们了解人与自然、环境和可持续发展的科学关系，增强环境意识和社会责任感，从而树立献身地球科学事业和服务国家目标的坚定信念。

2. 实习内容

实习内容和时间分配程序见表1-1。

表1-1 北戴河地质认识实习路线、时间安排和主要教学内容表

序次	时间	教学基本内容和重点
1.实习动员和罗盘使用	1天	①站长与队长介绍以下内容：实习目的、任务、要求及区域背景；教学安排及成绩评定方法；实习安全管理规定及注意事项。 ②带班老师讲解罗盘使用方法及野簿记录格式要求
2.山东堡海滩沙质海岸波浪、沉积物和海洋生物；燕山大学风化壳剖面	1天	①渤海湾基本情况介绍：海水的盐度、温度和化学性质；沙岸的波浪、潮汐运动特征，沉积物、沉积地形和海洋生物；海滩环境变迁与人类活动改造的关系。 ②风化作用、风化壳剖面垂向结构及各层的主要特征，以及风化壳发育的气候环境分析。 ③岩脉的穿插关系及差异风化现象
3.海上音乐厅—鸽子窝基岩海岸的波浪运动、侵蚀作用、侵蚀地貌和海洋生物	1天	①基岩海岸波浪运动特征及形成的海蚀地形（海蚀崖、海蚀沟、海蚀凹槽、海蚀穴、波切台、海蚀阶地）；基岩海岸的海洋生物及分带性，基岩海岸的沉积物（砾滩、贝壳滩）。 ②新河河口三角洲的地形、沉积物、波痕和海洋生物
4.老虎石基岩海岸的古海蚀地貌和连岛沙坝	1天	①基岩海岸的海水运动特征，各种海蚀地形及古海蚀地貌的构造意义。 ②老虎石的成因，连岛沙坝的形态、成因和物质组成。 ③骆驼石观察点可作为机动内容并入实习内容
5.室内整理和讲课	1天	野外记录整理和总结，区域地质背景介绍

续表 1-1

序次	时间	教学基本内容和重点
6.亮甲山奥陶系碳酸盐岩观察和沙锅店岩溶地貌观察	1天	①通过观察亮甲山的岩床、岩墙与沉积岩的接触关系,学会区分沉积岩和岩浆岩。 ②学会碳酸盐岩的观察和描述方法,并观察和描述竹叶状灰岩、泥晶灰岩和泥质条带灰岩、白云质灰岩,以及叠层石构造;了解奥陶系亮甲山组灰岩和马家沟组白云质灰岩的岩性特征。 ③观察和描述沙锅店岩溶地貌特征,分析其发育条件和成因;观察描述花岗斑岩岩墙的产状、矿物组成和结构构造,分析对岩溶地貌发育程度的影响。 ④练习和考核使用罗盘测量产状的技能
7.上庄坨河流地质作用与火山岩	1天	①观察和描述上庄坨村西大石河中游的河谷形态,边滩、河漫滩沉积物(二元结构)及河床沉积物特征,河流阶地的划分和构造意义。 ②观察和描述侏罗系安山质火山岩的类型、组成、结构、构造和分布特点,火山集块岩的组成和成因意义。 ③标本采集训练
8.室内整理和讲课	1天	野外记录整理和总结,区域地质背景介绍
9.石门寨石炭纪—二叠纪地层	1天	①观察和描述石门寨西门外石炭系—二叠系碎屑岩地层,初步分析沉积环境变迁过程,建立岩石地层单位"组"的概念。 ②观察和描述不整合接触关系的识别标志并分析其构造意义。 ③标本采集及罗盘使用(后方交汇定点、产状测量)训练
10.鸡冠山不整合接触、断层及沉积构造	1天	①鸡冠山新元古界石英砂岩与太古宙花岗岩之间的不整合接触关系及其构造意义。 ②石英砂岩的沉积构造(平行层理、交错层理和古波痕等)及潮汐层沉积特征。 ③断层的识别标志和类型,断层组合地貌(地堑构造)
11.燕塞湖采石场岩浆岩	1天	①观察、描述燕塞湖采石场斑状正长岩和正长斑岩的岩性特征。 ②观察及描述正长斑岩和斑状正长岩之间的侵入接触关系
12.昌黎县翡翠岛海岸沙丘、义院口火山岩(机动)	1天	①观察和分析海岸沙丘的形貌、规模、组成和成因。 ②观察沙质海滩的地形及沉积构造、海洋生物。 ③观察附近七里海潟湖的沉积、生物特征。 ④观察与描述义院口的侏罗系火山岩
13.笔试、面试及问卷调查	1天	①考查学生对野外地质现象的认识、理解程度,以及对野外基本技能的掌握程度。 ②了解学生对实习内容、安排及管理方面的体会、建议
14.总结表彰及离站	1天	总结教学实习过程,评价师生表现,提出存在的问题,根据学生最终成绩及各班推荐评选"最佳地质认识实习生"并颁发荣誉证书;学生离站

3. 考核及成绩评定方式

考核方式包括带班老师根据学生野外表现、野簿记录及基本技能掌握程度的评价,同时通过笔试、面试进行考察。因此实习成绩的评定包括以下几个部分。

(1) 野外实习综合表现(10%)。
(2) 野外记录本的内容、规范、图表等(15%)。
(3) 野外地质方法掌握程度(罗盘、地形图、岩层产状、手标本)(15%)。
(4) 笔试(30%)。
(5) 面试(30%)。

其中(1)、(2)、(3)项由带班老师根据实习进度合理安排并评分,实习队长和教学督导员进行抽查;(4)、(5)项由北戴河地质认识实习教学团队统一安排。如出现严重违纪现象(见第四节黑体部分),无论实习成绩如何,将取消本次实习资格,成绩记为零分。

第四节　野外实习学生注意事项

北戴河地质认识实习是学生们第一次集体到野外大自然课堂,第一次认识地质现象、体验地质之美的实践,做好充足的准备是体验"快乐地质"的重要保障。

1. 实习出发前的准备

在实习出发之前,要做到"有备无患",必须做好教学资料、实习用品、生活用品、经费、证件准备,以及实习分组、火车票的订购等工作。

教学参考资料和实习用品准备:《北戴河地质认识实习指导书》和野簿每人一册,《普通地质学》每小组至少一册;地质锤、罗盘、放大镜、地质包、三角尺、量角器、铅笔、绘图笔和橡皮等每人必须一套。主要实习用品以班级为单位统一到实习科领取。

实习分组要求:每小组5~6人,其中须有一名学生干部或学生党员。身体强壮与瘦弱者要合理搭配,女生不要集中在同一个小组,便于相互帮助。每班大致细分5~6个小组,分组工作由辅导员、班主任和班干部共同商议。

生活用品准备:由于夏天蚊子较多,建议携带蚊帐;由于实习时间比较长,可能会遇到天气骤然变化,因此建议携带少量春秋装;为了便于野外行走,应携带运动鞋和野外工作服;水桶、脸盆及洗漱用品、水壶、饭盒等用品可以携带,也可以在当地购买。由于实习基地有运动场所,可以携带一些文体用品,在课余时间开展一些文体活动。建议各班级携带一定集体活动经费,便于参加文体活动。学生在出发前还应准备一些常用药品,如感冒药、晕车药、痢特灵、正骨水、创可贴、蛇毒药、清凉油或风油精和消炎药等,以应急治疗路途和实习过程中可能发生的常见疾病。

证件准备:为了出行、取款或在实习结束后到其他地方停留方便,必须携带身份证。为了能从家乡到学校购买学生票,学生应携带学生证。在参观旅游景点时,学生可以凭学生证购买优惠门票。学生如果在北戴河开展社会实践,进行参观访问等活动,可以在学校开好相关介绍信,便于接洽。

2. 实习路途注意事项

因实习安排在暑假中间时间段,需要学生自行买票到实习站报到。请尽量选择高铁、动车等公共交通工具,最好几个学生相邀一起出发,以便互相照应,在车上要注意防盗和人身安全。在路途中遇到紧急情况,应立即向辅导员老师和实习队长、实习站长报告,采取应急措施。

3. 实习期间教学管理要求

实习期间要服从教学安排和要求,按时作息和乘车。早餐要及时,避免耽误开车出发时间,影响其他班级。乘车地点多在马路边,过马路注意来往车辆,马路边行走及候车要选择人行道,提前5分钟到达乘车地点,并主动给女同学和体弱者让座。返回实习站等车时,不要远离等车地点,以免延误乘车和就餐时间。实习时每天必须携带地质包、罗盘、地质锤、放大镜、地质图、野簿、铅笔和橡皮等,便于测量、记录和采样等。除特殊要求外,出野外必须穿长袖、长裤,穿运动鞋、登山鞋等适合野外的鞋子,若不听劝告经常穿短裤、拖鞋上山者也将被取消实习资格。实习期间不乱吃海鲜和瓜果,吃海鲜建议到卫生的饭店,以免发生肠胃病,影响出野外。

4. 实习期间的社会实践

社会实践是教学的一个重要组成部分,是培养大学生的综合素质、锻炼实际工作能力、接触社会、了解社会和服务于社会的重要途径之一。为了丰富学生的社会生活经验,在社会中受教育、长才干、作贡献,野外实习期间可以由实习队长和带班老师共同协商,在不影响正常实习的情况下,安排一定的时间进行参观考察。社会实践活动由带班老师组织,学生自愿报名参加。相关参观考察费用由学生本人和组织院系共同承担。

5. 实习期间文体活动的开展

实习站内有活动场地,课余时间可以开展体育比赛或体育锻炼活动,但不要太剧烈,以免身体受伤,影响实习进程。如果时间允许,还可以举行文艺晚会、舞会等文艺活动,但要维护好秩序和保证安全。

6. 实习结束后注意事项

实习结束后一般就地放假,学生自己购票回家或返校。学生应清点物品和证件等是否已经全部携带,宿舍是否帮助清理干净。学生党员、干部或离家比较近的学生,建议迟一点回家,送一送离家比较远的同学,并帮助老师处理遗留的问题。在回家途中要注意防盗和防骗以及人身安全。乘车前向家人汇报,便于家人及时了解情况,防止发生意外。

7. 班长、组长职责

班长、团支书负责本班同学的安全保卫工作,安排和协调各小组的有关事宜。班/组长在出队前负责检查同学所带物品是否齐全,清点人数并上报带班老师。路途中负责召集本组或本班同学,在实习中负责与实习老师联系并及时收交野簿;实行班长、组长负责制,有问题应及时向有关老师反映。

8. 安全管理规定

野外实习期间,所有同学必须严格遵守实习站有关规定,做到一切行动听指挥,严禁自由散漫作风。

(1)实习期间严禁下海、下河游泳;严禁站内、外打架斗殴及酗酒闹事;严禁在陡崖边嬉戏打闹及在陡崖下滞留;严禁采摘当地老乡瓜果、踩踏庄稼;严禁穿拖鞋、短裤上山(特殊要求除外)。上述现象一经发现,将取消实习资格。

(2)必须按时参加野外实习,对于无故不出野外者,按情节轻重给予通报批评、记过和取消实习资格处分。实习期间因病或其他原因不能参加实习者,必须事先写书面请假条,由带班老师签字后,交带队老师审批,同意后方可准假(班干部无权批假)。**若至实习结束仍缺两条及以上野外观察路线将视为不通过本次实习。**

(3)野外实习期间尊重当地风俗,不与当地群众发生纠纷,爱护他人劳动成果。违反者根据情节轻重给予批评教育,直至记过处分,造成损失的要给予赔偿。

(4)爱护实习站的公共设施和环境,不与实习站职工发生摩擦。有意见向站长、实习队长和带队老师反映,协调解决,避免发生过激言行。

(5)实习期间注意节约用水,严禁违章用电。如发现违章用电,按《学生管理规程》的有关规定处理。

第二章 区域地质概况

第一节 地 层

北戴河教学实习区的地层属于晋冀鲁豫地层区、燕辽地层分区、秦皇岛小区,为华北型地层。除较普遍缺失上奥陶统至下石炭统、下中三叠统、白垩系、古近系和新近系之外,就华北型地层而言,区内地层出露相对较全,分别有新元古界青白口系上部地层、下古生界寒武系和下奥陶统、上古生界上石炭统至二叠系、中生界上三叠统至侏罗系和新生界第四系。下面将本区各时代的岩石地层单位主要特征(表2-1)与邻区地层对比(表2-2)叙述如下。

表2-1 北戴河教学实习区岩石地层特征表

界	系	统	组	符号	厚度(m)	岩性及化石
新生界	新近系	更新统		Q	25~80	为冲积亚砂土夹砂砾石层;全新世的地层由冲积相、洪积相、海相、潟湖相的沉积物及风成沙形成,冲、洪积相中夹层位不稳定的泥煤;含腹足类及哺乳动物化石
中生界	侏罗系	上侏罗统	张家口组	J₃z	>350	为一套灰色酸性—中碱性火山熔岩和火山碎屑岩,包括流纹质、粗面质和粗安山质火山熔岩、凝灰岩、火山角砾岩与集块岩
中生界	侏罗系	上侏罗统	髫髻山组	J₃t	1 000	上部以中基性岩为主,黑绿色、紫红色、青紫色玄武质、玄武安山质和辉石安山质火山熔岩与熔结集块岩、集块岩互层,夹少量火山角砾岩及凝灰岩;中部以中性岩为主,灰绿色普通安山质、角闪安山质、粗安质火山熔岩与集块岩、火山角砾岩互层;下部稍偏酸性,为灰绿色和浅黄绿色安山质、流纹质集块岩,夹凝灰岩和火山熔岩

续表 2-1

界	系	统	组	符号	厚度(m)	岩性及化石
中生界	侏罗系	下侏罗统	下花园组	J_1x	>502	顶部为碳质页岩夹煤层;上部为灰黑色碳质页岩与石英粉砂岩、长石石英砂岩互层,夹页岩、砂砾岩;中部为厚层含砾粗砂岩、岩屑砂岩,夹泥质粉砂岩、页岩、煤质页岩及煤层;下部为灰白色、黄绿色厚层砾岩;植物化石丰富,计有 Pityophyllum longifolium,P. nordenskioldi,Cladophlebis shansiensis, C. cf. shansiensis,Pagiophyllum sp.,Zamites sp.,Z. cf. sinensis,Nilssonia sp.,Anomozamites cf. gracilis,A. cf. major,Podozamites lanceolatus,Phoenicopsis speciosa,Equisetites sp.,Conioptes cf. hymenophylloides,Neocalamites cf. hoerensis,Cladophlebis asiatica,Czekanowskia setacea,Ginkgoites sp.,Baiera gracilis,B. cf. furcata,Equisetum sp.,Czekanowskia sp.;双壳类:Sibiriconcha sp.,Pseudocarclinia sp.,Ferganoconcha sp.,Tutuella sp. 等
	三叠系	上三叠统	杏石口组	T_3x	162	岩性为灰白色中粗粒长石石英砂岩、粉砂岩、黑色碳质页岩,夹煤线。含大量植物化石,计有 Neocalamites carrerei,N. cf. hoerensis,Sphenopteris sp.,Marttiopsis asiatica,M. horensis,Dictyophyllum nathorsti,D. cf. graeile,Clathropteris meniscioides,Todites sp.,Ctenis cf. japonica,Pterophyllum sinense,Nilssonia sp.,Glossophyllum zeilleri,Ginkgoites cf. magnifotinus,Cycadocarpidium cf. erdmanni,Pityophyllum nordenskioldi,Podozamites lanceolatus,Taeniopteris sp.,Cladophlebis sp.,Anomozamites cf. minor 等,还见有少量昆虫和双壳类化石
上古生界	二叠系	上二叠统	孙家沟组	P_3s	150	顶部为紫红色黏土岩;中上部为紫红色泥质含砾中粗粒岩屑石英砂岩、泥质中粗砂岩,夹厚约 8m 的黑灰色碳质页岩;下部以紫红色泥岩、页岩、粉砂岩为主,夹紫红色泥质含砾粗粒岩屑石英砂岩、中细粒岩屑长石砂岩及黄绿色粉砂质泥岩;底部为一层紫色厚层含砾粗粒岩屑石英砂岩。在黑灰色碳质页岩及紫红色粉砂岩中含植物化石,有 Taeniopteris taiyuanensis,Pecopteris sp.,P. arcuata,P. echinata,Sphenophyllum spathulatum,S. thonii,Tingia hamaguchii,Annularia mucronata,Neuropteridium coreanicum,Otoflium sp. 等
		中二叠统	石盒子组	P_2sh	187	上部为灰白色中厚层含砾粗粒长石净砂岩,夹极少量紫色细粒砂岩及粉砂岩;下部岩性由灰色、黄褐色中厚层中粗粒长石岩屑杂砂岩与灰绿色含云母泥质粉砂岩 3 个韵律组成,在第二、第三韵律的顶部有紫色、紫灰色黏土岩或黏土质粉砂岩。在下部第一个韵律顶部的灰绿色含云母质粉砂岩中含植物化石,主要属种有 Taeniopteris multinervis,T. shansiensis,Cordaites principalis,C. borassifolia,Mesocalamites sp.,Palaeostachya sp. 等

续表 2－1

界	系	统	组	符号	厚度(m)	岩性及化石
上古生界	二叠系	下二叠统	山西组	P_1s	80	岩性为灰色、灰黑色中薄层中细粒长石岩屑杂砂岩、粉砂岩、碳质泥岩及黏土岩，由两个韵律组成：第一韵律含煤层，第二韵律顶部含铝土矿。底部岩性为灰色中薄层含铁质中粒长石岩屑砂岩或灰色、灰白色含砾粗粒长石岩屑砂岩；顶部为灰色薄层铝土质粉砂岩。含丰富的植物化石：*Calamites* sp.，*Annularia gracilesens*，*Neuropteridum* sp.，*Taeniopteris nystroemii*，*Stigmaria* sp.，*Mesocalamites cistiformis*，*Cordaites principalis*，*C. schenkii*，*Pecopteris anderssonii* 等
	石炭系	上石炭统	太原组	C_2t	51	以灰黑色中厚层粉砂岩为主，含铁质结核，夹少量煤线和灰岩透镜体，由两个韵律构成；底部为青灰色含铁质的中细粒长石岩屑砂岩，顶部为灰色中层粉砂岩、页岩与黄灰色细粒杂砂岩互层。化石有植物：*Neuropteris ovata*，*N. plicata*，*N. kaipingiensis*，*Neuropteridum coreanicum*，*Sphenophyllum* sp.，*S. oblongifolium*，*Lepidodendron posthumii*，*L. oculus-felis*，*Pecopteris candolleana*，*P. taiyuanensis*，*P. polymorpha*，*Cordaites principalis*，*Alethopteris huiana*，*Annularia pseudoshellata* 等；腕足类：*Dictyoclostus* sp.，*Chonetes* sp.；双壳类：*Paleoneilo* sp.，*Septimyalina* sp. 等
			本溪组	C_2b	51	上部为灰色、紫色、黄绿色中薄层石英细砂岩、粉砂岩及页岩，夹3～5层泥灰岩透镜体；下部为杂色铁铝质泥岩和深灰色中厚层铁质粉砂岩。上部灰岩透镜体中含海相动物化石，粉砂岩及页岩中含植物化石。蜓：*Fusulinella laxa*，*F. colaniae*；珊瑚：*Arachnastraea machunrica*，*Bothrophyllum* sp.；腕足类：*Martinia* sp.，*Schellwienella* sp.；双壳类：*Astarlella* sp.，*Paleoneilo* sp.，*Aviculopecten* sp.，*Sanguinolites* sp.，*Edmondia* sp.；苔藓虫：*Fenestella* sp.；植物：*Calamites cistu*，*C. suckowii*，*Mesocalamites cistiformis*，*Lepidodendron* sp.，*Palaeostachya* sp.，*P. rhabda*，*Cordaites principantea*，*Neuropteris* sp.，*N. pseudogigantea*，*N. gigantean*，*Pecopteris* sp.，*Tingia partite*，*Sphenophyllum* sp.，*Annularia* sp.，*Sublepidodendron* sp. 等

续表 2-1

界	系	统	组	符号	厚度(m)	岩性及化石
下古生界	奥陶系	中奥陶统	马家沟组	O_2m	101	黄灰色、深灰色厚层白云质灰岩,含燧石结核豹皮状白云质灰岩,顶部为泥晶灰岩。化石较丰富,多产在顶部灰岩中,头足类:*Stereoplasmoceras* sp.,*Armenoceras submarginale*,*Ormoceras submarginale*,*Polydesmia canaliculata*,*Pseudoskimoceras* cf. *maginale*,*Mesosondoceras* sp.,*Chislioceras reed*,*Linchengoceras nagaoi*;三叶虫:*Eoisotelus* sp.;腹足类:*Maclurites neritoides*,*Donaldiella* sp.,*Hormotoma* sp.,*Ophileta* sp. 等
		下奥陶统	亮甲山组	O_1l	118	下部为深灰色中厚层含燧石结核云斑灰岩,夹少量砾屑灰岩和钙质页岩;向上过渡为厚层生物碎屑灰岩与薄层泥灰岩互层,夹砾屑灰岩;上部为灰色厚层含燧石结核条带灰岩、厚层豹皮状灰岩、中厚层云质条带灰岩,夹薄层云质条带灰岩。含头足类:*Manchuroceras* cf. *patyventrum*,*Hopeioceras matiheui*,*Cameroceras* sp.;腹足类:*Ophileta* sp.;海绵:*Archaeoscyphia* sp. 等
			冶里组	O_1y	126	下部为灰色中厚层泥晶灰岩,夹少量薄层砾屑及虫孔灰岩;上部为灰色中厚层砾屑灰岩夹黄绿色页岩。化石较丰富,有三叶虫:*Pseudokainella* sp.,*Asaphellus acutulus*,*Leiostegium latilimbatum*,*Arstokainella caluicepitis*,*Tienshigfuia* sp.;笔石:*Callograptus* sp.,*C. taizehoensis*,*Dendrograptus* sp.;腹足类:*Ophileta* sp.;腕足类:*Orthis* sp. 等
	寒武系	上寒武统	炒米店组	ϵ_3-O_1ch	102	下部为紫色薄层砾屑灰岩、粉砂岩与页岩互层,夹薄层藻灰岩和生物碎屑灰岩;上部为黄灰色薄层泥灰岩夹含泥灰岩、黄灰色钙质页岩及薄层泥质条带灰岩。下部三叶虫化石有 *Kaolishania* sp.,*Kaolishaniella* sp.,*Shirakiella elongata*,*Lioparia* sp.,*Changshania* sp.,*Peichaishania* sp.,*Chuangia* sp.;上部三叶虫有 *Kainella*,*Richarsonella*,*Echinospaerites*,*Mictosaukia*,*Quadraticephalus*,*Tsinaniacanens*,*Lichengia*,*Ptychaspis*;并有腕足类和介形虫类化石
			崮山组	ϵ_3g	102	下部为紫色砾屑灰岩与紫色粉砂岩互层;中部为灰色中厚层灰岩(包括泥质条带灰岩、鲕状灰岩、藻灰岩等);上部岩性与下部相同。化石丰富,产三叶虫:*Drepanura* sp.,*Blackwelderia paronai*,*Stephanocare* sp.,*Damesops* sp.,*Teinistion* sp.,*Cyclorenzella* sp.,*Liostracina* sp.,*Homagnostus* sp.,*Diceratocephalus* sp. 等;并有腕足类和叠层石化石

续表 2-1

界	系	统	组	符号	厚度(m)	岩性及化石
下古生界	寒武系	中寒武统	张夏组	$\epsilon_2 zh$	130	下部为灰色中厚层鲕状灰岩夹黄绿色页岩；上部以灰色中厚层鲕状灰岩为主，夹藻灰岩、泥质条带灰岩。含丰富的三叶虫：*Damesella paronai*，*Lisania* sp.，*Solenoparia* sp.，*Peebiellus* sp.，*Aojia* sp.，*Taitzuia* sp.，*Poshania* sp.，*Amphoton* sp.，*Sunia* sp.，*Dorypyge richthofeni*，*Dorgpygella* sp.，*Crepicephalina* sp.，*Szeaspis* sp.，*Psilaspis manchurensis*，*Peronopsis* sp. 等
			徐庄组	$\epsilon_2 x$	36	主要为暗紫色、灰色、黄绿色页岩，夹灰岩、鲕状灰岩、泥灰岩及粉砂岩，底部以粉砂岩或页岩与毛庄组整合接触。本组以呈现猪肝色及页岩中富含云母片岩为特征，厚 60～108m。古生物化石以三叶虫最丰富。毛庄组与徐庄组属于浅海相和潮间潟湖相
			毛庄组	$\epsilon_2 m$	54	零星出露。以紫色页岩为主，夹灰色灰岩、泥质灰岩、白云质灰岩以及少量粉砂质页岩，底部以紫色页岩或粉砂岩与馒头组整合接触。本组岩性稳定，但厚度变化较大，为 18～87m；化石相当丰富，以三叶虫的褶颊虫最繁盛
		下寒武统	馒头组	$\epsilon_1 m$	284	以鲜红色、暗紫色泥岩，页岩和黄绿色云母质粉砂岩为主，夹暗紫色粉砂岩、细砂岩和少量鲕状灰岩透镜体或扁豆体，页岩中含石盐假晶并夹少量白云质灰岩，底部具角砾岩和砾岩。中部产三叶虫：*Liaoxia* sp.，*Mufuhania* sp.，*Parachittidilla* sp.，*Luaspides* sp.，并有藻类 *Girvanella* sp.；上部的三叶虫有 *Bailiella lantenoiai*，*Proasaphiscus* sp.，*Liaoyangspis* cf. *hassler*，*Psilaspis temenus*，*Inouyia* sp.，*Sunaspis* sp.，*Yujinia magns* 等，并有少量核形石
			府君山组	$\epsilon_1 f$	94～146	暗灰色、灰黑色厚层—巨厚层豹皮状含沥青质粉晶—微晶白云质灰岩，顶部含核形石。含三叶虫化石 *Redlichia*，数量丰富
新元古界	青白口系	上统	景儿峪组	$Pt_3 j$	28	岩性为紫红色、紫灰色、灰绿色和蛋青色薄—中厚层含泥白云质灰岩，底部常见黄褐色含砾、铁质海绿石中细粒长石砂岩
			龙山组	$Pt_3 l$	91	岩性为一套砂岩、砾岩和页岩组合。下部为灰白色粗粒长石石英砂岩，含海绿石，底部含少量砾石。上部为杂色(包括紫红色、蛋青色、灰黑色、黄绿色)页岩。在砂岩中见有波痕和交错层理
新太古界			白庙组	$Ar_3 b$		只有数个孤立隔离的捕房体出现在新太古代黑云母花岗岩中。岩性为深变质岩，包括黑云斜长角闪岩、角闪斜长变粒岩、白云母石英片岩、浅粒岩、黑云斜长变粒岩等

表 2-2 北戴河教学实习区岩石地层单位序列及与邻区的比较

地质年代				岩石地层单位		
代	纪	世	期	山西地层分区	燕辽地层分区(西—东)	实习区
新生代	第四纪	早—中更新世			泥河湾组	
	新近纪	上新世		九龙口组	石匣组	
		中新世		灵山组	雪花山组　灵山组	汉诺坝组
	古近纪	渐新世			西坡里组	开地坊组
		始新世				
中生代	白垩纪	晚白垩世			下店组	
		中白垩世			义县组	
		早白垩世			大北沟组　义县组	
					张家口组	张家口组
					土城子组	
	侏罗纪	晚侏罗世			髫髻山组	髫髻山组
					九龙山组	
		中侏罗世			下花园组	下花园组
		早侏罗世			南大岭组	
	三叠纪	晚三叠世			杏石口组	杏石口组
		中三叠世		二马营组		
		早三叠世		和尚沟组		
				刘家沟组		
古生代	二叠纪	晚二叠世		孙家沟组		孙家沟组
		中二叠世		石盒子组		石盒子组
		早二叠世		山西组		山西组
	石炭纪	晚石炭世		太原组		太原组
					本溪组	本溪组
	奥陶纪	中奥陶世				马家沟组
		早奥陶世			亮甲山组	亮甲山组
				三山子组	冶里组	冶里组
	寒武纪	晚寒武世	凤山期		炒米店组	炒米店组
			长山期		崮山组	崮山组
			崮山期			
		中寒武世	张夏期		张夏组	张夏组
			徐庄期		馒头组	馒头组
			毛庄期			
		早寒武世	龙王庙期		昌平组	昌平组
			沧浪铺期			
新元古代	青白口纪				景儿峪组	景儿峪组
					龙山组	龙山组
					下马岭组	

注：据王家生,2011；万晓樵等,2020；Wu et al.,2021；Hao et al.,2021 修改。

一、新元古界（Pt_3）

1. 龙山组（Pt_3l）

龙山组岩性为一套砂岩、砾岩和页岩组合，下部为灰白色粗粒长石石英砂岩，含海绿石，底部含少量砾石，上部为杂色（包括紫红色、蛋青色、灰黑色、黄绿色）页岩；在砂岩中有波痕和交错层理，地层厚25～91m。本组为滨海相沉积环境。与下伏太古宙花岗岩（γ_2）为非整合或沉积不整合接触（Nonconformity）。主要分布在本区东部落、鸡冠山和张崖子等地。前人曾将该组划归下马岭组。

2. 景儿峪组（Pt_3j）

景儿峪组岩性为紫红色、紫灰色、灰绿色和蛋青色薄—中厚层含泥白云质灰岩，底部常见黄褐色含砾、铁质海绿石中细粒长石砂岩；厚25～53m；为滨海相沉积环境。与下伏龙山组为整合接触。此组出露在实习区的东部，以李庄北沟剖面为代表，厚约28m。

二、下古生界

1. 府君山组（$\epsilon_1 f$）

府君山组岩性为暗灰色、灰黑色厚层—巨厚层豹皮状含沥青质粉晶—微晶白云质灰岩，顶部含核形石。含三叶虫化石 *Redlichia*，数量丰富。厚94～146m。*Redlichia* 是早寒武世的标准化石。昌平组的时代属早寒武世（ϵ_1）。为浅海相沉积环境。以暗灰色含沥青质白云质灰岩为底界，与下伏景儿峪组为平行不整合接触。在实习区的东部发育较好，以东部落剖面为代表，厚146m。本组前人曾称为昌平组。

2. 馒头组（$\epsilon_1 m$）

馒头组岩性以鲜红色、暗紫色泥岩，页岩和黄绿色云母质粉砂岩为主，夹暗紫色粉砂岩、细砂岩和少量鲕状灰岩透镜体或扁豆体，页岩中含石盐假晶并夹少量白云质灰岩，底部具角砾岩和砾岩。中部产三叶虫：*Liaoxia* sp.，*Mufuhania* sp.，*Parachittidilla* sp.，*Luaspides* sp.，并有藻类 *Girvanella* sp.；上部的三叶虫有 *Bailiella lantenoiai*，*Proasaphiscus* sp.，*Liaoyangspis* cf. *hassler*，*Psilaspis temenus*，*Inouyia* sp.，*Sunaspis* sp.，*Yujinia magns* 等，并有少量核形石。厚230～284m。馒头组中下部的时代属早寒武世，而上部的 *Bailiella*，*Sunaspis* 和 *Inouyia* 三叶虫化石表明上部地层时代为中寒武世，因而馒头组是个穿时的岩石地层单位（$\epsilon_1-\epsilon_2$）。馒头组的沉积环境下部属潟湖，中部为潮间带，上部则为浅海。底部以角砾岩和砾岩与下伏府君山组呈平行不整合接触。实习区内，本组出露在东部落、沙河寨等地，厚约284m。本组包含了前人所划分的馒头组、毛庄组和徐庄组。

3. 张夏组（$\epsilon_2 zh$）

张夏组岩性下部为灰色中厚层鲕状灰岩夹黄绿色页岩；上部以灰色中厚层鲕状灰岩为主，夹藻灰岩、泥质条带灰岩。含丰富的三叶虫：*Damesella paronai*，*Lisania* sp.，*Solenoparia* sp.，*Peebiellus* sp.，*Aojia* sp.，*Taitzuia* sp.，*Poshania* sp.，*Amphoton* sp.，*Sunia* sp.，*Dorypyge richthofeni*，*Dorgpygella* sp.，*Crepicephalina* sp.，*Szeaspis* sp.，*Psilaspis manchurensis*，*Peronopsis* sp.等。厚79～98m。上述化石中 *Damesella*，*Taitzuia*，*Amphoton*，*Crepicephalina* 等属均为中寒武世的带化石，本组时代为中寒武世（ϵ_2）。为浅海相沉积环境。以薄层鲕状灰岩为底界，与下伏馒头组呈整合接触。此组分布广泛，几乎在柳江盆地周围都有分布，在揣庄北288高地出露较好，可作为本区的典型剖面。

4. 崮山组（$\epsilon_3 g$）

崮山组岩性下部为紫色砾屑灰岩与紫色粉砂岩互层；中部为灰色中厚层灰岩（包括泥质条带灰岩、鲕状灰岩、藻灰岩等）；上部岩性与下部相同。化石丰富，产三叶虫：*Drepanura* sp.，*Blackwelderia paronai*，*Stephanocare* sp.，*Damesops* sp.，*Teinistion* sp.，*Cyclorenzella* sp.，*Liostracina* sp.，*Homagnostus* sp.，*Diceratocephalus* sp. 等；并有腕足类和叠层石化石。厚79～102m。*Drepanura* 和 *Blackwelderia* 两种三叶虫为崮山期的带化石，因而崮山组的时代晚寒武世早期（ϵ_3）。属浅海相沉积。以紫色砾屑灰岩或紫色砾屑灰岩夹页岩为底界，与下伏张夏组整合接触。实习区分布广泛，以288高地东山剖面为代表，厚102m。

5. 炒米店组（ϵ_3—$O_1 ch$）

炒米店组岩性下部为紫色薄层砾屑灰岩、粉砂岩与页岩互层，夹薄层藻灰岩和生物碎屑灰岩；上部为黄灰色薄层泥灰岩夹含砾泥灰岩、黄灰色钙质页岩及薄层泥质条带灰岩。下部有三叶虫化石 *Kaolishania* sp.，*Kaolishaniella* sp.，*Shirakiella elongata*，*Lioparia* sp.，*Changshania* sp.，*Peichaishania* sp.，*Chuangia* sp.；上部三叶虫有 *Kainella*，*Richarsonella*，*Echinospaerites*，*Mictosaukia*，*Quadraticephalus*，*Tsinaniacanens*，*Lichengia*，*Ptychaspis*；并有腕足类和介形虫类。上述化石中 *Kaolishania*，*Changshania*，*Chuangia*，*Mictosaukia*，*Quadraticephalus* 和 *Ptychaspis* 均为晚寒武世晚期的重要化石，故本组大部分的时代属晚寒武世晚期；在区域上，上部有一段地层内含早奥陶世三叶虫 *Missisqoia perpetis*。因此，炒米店组为一穿时地层单位，从晚寒武世至早奥陶世（ϵ_3—O_1）。属浅海相沉积。唐山赵各庄东域山出露厚102m，与下伏崮山组呈整合接触。实习区以288高地东坡为代表。本组包括前人划分的长山组和凤山组。

6. 冶里组（$O_1 y$）

冶里组岩性可分为上、下两部分，下部为灰色中厚层泥晶灰岩，夹少量薄层砾屑及虫孔灰岩；上部为灰色中厚层砾屑灰岩夹黄绿色页岩。化石较丰富，有三叶虫：*Pseudokainella* sp.，*Asaphellus acutulus*，*Leiostegium latilimbatum*，*Arstokainella caluicepitis*，*Tienshig-*

fuia sp.；笔石：*Callograptus* sp.，*C. taizehoensis*，*Dendrograptus* sp.；腹足类：*Ophileta* sp.；腕足类：*Orthis* sp. 等。厚 116.9～125.5m。笔石 *C. taizehoensis* 和三叶虫 *Asaphellus acutulus* 为早奥陶世早期的重要化石，本组的时代当属早奥陶世早期(O_1)无疑。本组沉积环境为浅海较深水背景。以灰色厚层泥晶灰岩与下伏炒米店组呈整合接触。本区主要出露于潮水峪至揣庄一带，以288高地为代表，厚125.5m。

7. 亮甲山组($O_1 l$)

亮甲山组岩性下部为深灰色中厚层含燧石结核云斑灰岩，夹少量砾屑灰岩和钙质页岩；向上过渡为厚层生物碎屑灰岩与薄层泥灰岩互层，夹砾屑灰岩；上部为灰色厚层含燧石结核条带灰岩、厚层豹皮状灰岩、中厚层云质条带灰岩，夹薄层云质条带灰岩。含头足类：*Manchuroceras* cf. *patyventrum*，*Hopeioceras matiheui*，*Cameroceras* sp.；腹足类 *Ophileta* sp.；海绵：*Archaeoscyphia* sp. 等。厚 104～362m。上述头足类和海绵化石都是早奥陶世中期的重要化石或标准化石，故本组时代属早奥陶世中期(O_1)。此组属浅海相沉积。底部以中厚层含燧石结核云斑灰岩与冶里组分界，两者整合接触。亮甲山组在实习区内出露较广，在小王庄、茶庄、潮水峪、石门寨等地均能见到，而且石门寨亮甲山为本组的创名地点，是亮甲组层型剖面地，厚118m。

8. 马家沟组($O_2 m$)

马家沟组岩性主要为黄灰色、深灰色厚层白云质灰岩、含燧石结核豹皮状白云质灰岩，顶部为泥晶灰岩。化石较丰富，多产在顶部灰岩中，头足类：*Stereoplasmoceras* sp.，*Armenoceras submarginale*，*Ormoceras submarginale*，*Polydesmia canaliculata*，*Pseudoskimoceras* cf. *maginale*，*Mesosondoceras* sp.，*Chislioceras reed*，*Linchengoceras nagaoi*；三叶虫：*Eoisotelus* sp.；腹足类：*Maclurites neritoides*，*Donaldiella* sp.，*Hormotoma* sp.，*Ophileta* sp. 等。厚 101～512.1m。头足类中 *Stereoplasmoceras*，*Armenoceras*，*Ormoceras*，*Polydesmia* 和 *Pseudoskimoceras* 是早奥陶世晚期的标准化石，时代当属早奥陶世晚期(O_1)。区域上马家沟组上部具有中奥陶世头足类化石 *Fengfengceras*，*Streospyroceras*，因而马家沟组上部地层时代为中奥陶世早期(O_2)。为浅海相沉积环境。底部以黄灰色具微层理、含砾屑、燧石结核的白云质灰岩与下伏亮甲山组相区分，二者为整合接触。实习区内茶庄北山出露较好，可作为区内的典型剖面，厚101m。

三、上古生界

1. 本溪组($C_2 b$)

本溪组岩性可分为两部分：下部为杂色铁铝质泥岩和深灰色中厚层铁质粉砂岩；上部为灰色、紫色、黄绿色中薄层石英细砂岩、粉砂岩及页岩，夹3～5层泥灰岩透镜体。灰岩透镜体中含海相动物化石，粉砂岩及页岩中含植物化石。蜓：*Fusulinella laxa*，*F. colaniae*；珊瑚：*Arachnastraea machunrica*，*Bothrophyllum* sp.；腕足类：*Martinia* sp.，*Schellwienella* sp.；双壳类：*Astarlella* sp.，*Paleoneilo* sp.，*Aviculopecten* sp.，*Sanguinolites* sp.，*Edmondia* sp.；苔藓虫：*Fenestella* sp.；植物：*Calamites cistu*，*C. suckowii*，*Mesocalamites cistiformis*，*Lepidodendron* sp.，*Palaeostachya* sp.，*P. rhabda*，*Cordaites principantea*，*Neuropteris* sp.，*N. pseudogigantea*，*N. gigantean*，*Pecopteris* sp.，*Tingia partite*，*Sphenophyllum* sp.，*Annularia* sp.，*Sublepidodendron* sp. 等。厚18～51m。上述化石中，蜓类 *Fusulinella* 是晚石炭世早期的带化石，珊瑚 *Arachnastraea machunrica* 仅限于晚石炭世，植物 *Neuropteris gigantean* 和 *N. pseudogigantea* 分布于晚石炭世，因而本溪组时代归属于晚石炭世早期（C_2）。为一套海陆交互相沉积。平行不整合于奥陶系马家沟组灰岩之上。该组在实习区主要分布在柳江盆地内，厚51m。

2. 太原组（C_2t）

太原组岩性以灰黑色中厚层粉砂岩为主，含铁质结核，夹少量煤线和灰岩透镜体，由两个韵律构成；底部为青灰含铁中细粒长石岩屑砂岩，顶部为灰色中层粉砂岩、页岩与黄灰色细粒杂砂岩互层。化石有植物：*Neuropteris ovata*，*N. plicata*，*N. kaipingiensis*，*Neuropteridum coreanicum*，*Sphenophyllum* sp.，*S. oblongifolium*，*Lepidodendron posthumii*，*L. oculus - felis*，*Pecopteris candolleana*，*P. taiyuanensis*，*P. polymorpha*，*Cordaites principalis*，*Alethopteris huiana*，*Annularia pseudoshellata* 等；腕足类：*Dictyoclostus* sp.，*Chonetes* sp.；双壳类：*Paleoneilo* sp.，*Septimyalina* sp. 等。厚45～51m。上述 *Lepidodendron posthumii*，*L. oculus - felis*，*Pecopteris candolleana*，*Neuropteris ovata*，*Annularia pseudoshellata* 等植物化石及腕足类 *Dictyoclostus* 均是晚石炭世常见化石，太原组时代大部分应归晚石炭世；石炭系—二叠系界线层型已确定，现界线比原界线低，故太原组顶部时代为早二叠世，它亦是穿时地层单位（C_2—P_1）。本组为海陆交互相沉积。底部以青灰含铁中细粒长石岩屑砂岩与下伏本溪组区分开，二者呈整合接触。实习区内主要发育于柳江盆地的半壁店东191高地及小王山东坡一带，小王山剖面出露较好，可作为本区的典型剖面，厚51m。石门寨西门剖面厚48m。

3. 山西组（P_1s）

山西组主要岩性为灰色、灰黑色中薄层中细粒长石岩屑杂砂岩、粉砂岩、碳质泥岩及黏土岩，由两个韵律组成，第一韵律含煤层，第二韵律顶部含铝土矿。底部岩性为灰色中薄层含铁质中粒长石岩屑砂岩或灰色、灰白色含砾粗粒长石岩屑砂岩；顶部为灰色薄层铝土质粉砂岩。含丰富的植物化石：*Calamites* sp.，*Annularia gracilesens*，*Neuropteridum* sp.，*Taeniopteris nystroemii*，*Stigmaria* sp.，*Mesocalamites cistiformis*，*Cordaites principalis*，*C. schenkii*，*Pecopteris anderssonii* 等。厚70～235m。植物化石 *Annularia gracilesens*，*Taeniopteris nystroemii*，*Cordaites principalis*，*C. schenkii* 等主要分布于晚石炭世至早二叠世。根据植物化石组合，山西组的时代应属于石炭世—早二叠世，本书暂将其置于早二叠世（P_1）。此组为近海沼泽沉积。以灰色、灰白色中细—粗粒长石岩屑砂岩或与下伏太原组为界，二者为整合接触。在实习区本组地层分布于东部黑山窑至曹山一带，老柳江、夏家峪、石门寨西门一带发育较好，石门寨西门剖面可作为区内的典型剖面，厚61.8m。本组为区内重要的含煤层位。

4. 石盒子组（P_2sh）

石盒子组岩性下部由灰色、黄褐色中厚层中粗粒长石岩屑杂砂岩与灰绿色含云母泥质粉砂岩3个韵律组成，在第二、第三韵律的顶部有紫、紫灰色黏土岩或黏土质粉砂岩；上部为灰白色中厚层含砾粗粒长石净砂岩，夹极少量紫色细粒砂岩及粉砂岩。在下部第一个韵律顶部的灰绿色含云母泥质粉砂岩中含植物化石，主要属种有 Taeniopteris multinervis，T. shansiensis，Cordaites principalis，C. borassifolia，Mesocalamites sp.，Palaeostachya sp. 等。厚187m。植物化石中 Taeniopteris shansiensis 仅分布在中二叠世晚期，Taeniopteris multinervis 分布于整个中二叠世。根据下部植物化石组合面貌，本组下部时代为中二叠世晚期（P_2），上部属晚二叠世早期（P_3）。该组下部属湖泊相沉积，上部为河流相沉积。底部以中厚层中粗粒长石岩屑杂砂岩与山西组分界，与山西组为整合接触。本组的范围相当于前人所划分的下石盒子组和上石盒子组。在实习区内本组主要发育于柳江盆地黑山窑、石岭和欢喜岭一带，石门寨西门及欢喜岭剖面可分别作为石盒子组下部和上部的典型剖面。

5. 孙家沟组（P_3s）

孙家沟组岩性底部为一层紫色厚层含砾粗粒岩屑石英砂岩；下部以紫红色泥岩、页岩、粉砂岩为主，夹紫红色泥质含砾粗粒岩屑石英砂岩、中细粒岩屑长石砂岩及黄绿色粉砂质泥岩；中上部为紫红色泥质含砾中粗粒岩屑石英砂岩、泥质中粗砂岩，夹厚约8m的黑灰色碳质页岩；顶部为紫红色黏土岩。在黑灰色碳质页岩及紫红色粉砂岩中含植物化石，有 Taeniopteris taiyuanensis，Pecopteris sp.，P. arcuata，P. echinata，Sphenophyllum spathulatum，S. thonii，Tingia hamaguchii，Annularia mucronata，Neuropteridium coreanicum，Otoflium sp. 等。厚150~168m。上述植物化石组合具晚二叠世晚期特征，因而本组时代为晚二叠世晚期（P_3）。孙家沟组属河流相沉积。底部以紫色厚层含砾粗粒岩屑石英砂岩与石盒子组顶部灰白色中厚层含砾粗粒长石砂岩分界，二者呈整合接触，本组曾称石千峰组。在实习区主要见于柳江盆地的黑山窑至欢喜岭一带。

四、中生界

1. 杏石口组（T_3x）

杏石口组岩性为灰白色中粗粒长石石英砂岩、粉砂岩、黑色碳质页岩，夹煤线。含大量植物化石，计有 Neocalamites carrerei，N. cf. hoerensis，Sphenopteris sp.，Marttiopsis asiatica，M. horensis，Dictyophyllum nathorsti，D. cf. graeile，Clathropteris meniscioides，Todites sp.，Ctenis cf. japonica，Pterophyllum sinense，Nilssonia sp.，Glossophyllum zeilleri, *Ginkgoites* cf. *magnifotius*, *Cycadocarpidium* cf. *erdmanni*, *Pityophyllum nordenskioldi*, *Podozamites lanceolatus*, *Taeniopteris* sp., *Cladophlebis* sp., *Anomozamites* cf. *minor* 等，还见有少量昆虫和双壳类化石。厚 161.8m。上述化石中，*Glossophyllum*，*Cycadocarpidium* 主要见于晚三叠世，*Pterophyllum sinense*，*Anomozamites* cf. *minor* 和 *Ctenis* cf. *japonica* 仅见于晚三叠世，*Neocalamites carrerei*，*Marttiopsis asiatica*，*M. horensis*，*Dictyophyllum nathorsti* 和 *Clathropteris meniscioides* 均是晚三叠世地层中的常见分子。综上所述，含这个植物群的地层时代当为晚三叠世晚期(T_3)。此组属湖泊相沉积，与下伏晚二叠世孙家沟组为角度不整合接触。本组在实习区原称黑山窑组，主要出露在黑山窑。

2. 下花园组(J_1x)

下花园组岩性下部为灰白色、黄绿色厚层砾岩；中部为厚层含砾粗砂岩、岩屑砂岩，夹泥质粉砂岩、页岩、煤质页岩及煤层；上部为灰黑色碳质页岩与石英粉砂岩、长石石英砂岩互层，夹页岩、砂砾岩；顶部为碳质页岩夹煤层。植物化石丰富，计有 *Pityophyllum longifolium*，*P. nordenskioldi*，*Cladophlebis shansiensis*，*Cladophlebis* cf. *shansiensis*，*Pagiophyllum* sp.，*Zamites* sp.，*Z.* cf. *sinensis*，*Nilssonia* sp.，*Anomozamites* cf. *gracilis*，*A.* cf. *major*，*Podozamites lanceolatus*，*Phoenicopsis speciosa*，*Equisetites* sp.，*Conioptes* cf. *hymenophylloides*，*Neocalamites* cf. *hoerensis*，*Cladophlebis asiatica*，*Czekanowskia setacea*，*Ginkgoites* sp.，*Baiera gracilis*，*B.* cf. *furcata*，*Equisetum* sp.，*Czekanowskia* sp.；双壳类：*Sibiriconcha* sp.，*Pseudocarclinia* sp.，*Ferganoconcha* sp.，*Tutuella* sp. 等。厚 357～493m。从上述植物化石组合分析，应属早中侏罗世的植物组合，许多分子见于晚三叠世至早侏罗世，因此将此组时代置于早侏罗世(J_1)。此组属湖泊、河流、沼泽相沉积。下花园组与下伏杏石口组为平行不整合接触。二者的界线以本组底部砾岩为标志。实习区内，本组原称北漂组，分布较广泛，主要发育于中部地区，近南北向展布，较好的剖面在黑山窑后村至大岭一带。

3. 髫髻山组(J_3t)

髫髻山组由火山熔岩与火山碎屑岩互层组成。岩性可分为三部分，下部稍偏酸性，为灰绿色和浅黄绿色安山质、流纹质集块岩，夹凝灰岩和火山熔岩，厚 100m 以上；中部以中性岩为主，灰绿色普通安山质、角闪安山质、粗安质火山熔岩与集块岩、火山角砾岩互层，厚 400m 左右；上部以中基性岩为主，黑绿色、紫红色、青紫色玄武质、玄武安山质和辉石安山质火山熔岩与熔结集块岩、集块岩互层，夹少量火山角砾岩及凝灰岩，厚 600m 以上。与下伏下花园组等地层呈角度不整合或平行不整合接触。区域上，髫髻山组的年龄主要介于 161～153Ma 之间（刘健等，2006；于海飞等，2016；Chang et al.，2009；Hao et al.，2021），属于上侏罗统。

4. 张家口组(J_3z)

张家口组岩性为一套灰色酸性—中碱性火山熔岩和火山碎屑岩，包括流纹质、粗面质和粗安山质火山熔岩、凝灰岩、火山角砾岩与集块岩。厚 350m 以上。此组在实习区内原称孙家梁组，分布局限，仅在东南蟠桃峪有少量出露。此组的上、下均被岩体破坏，未见与其他地层的直接接触关系。从区域资料看,此组与髫髻山组为角度不整合接触。据区域地层对比,所属时代归入晚侏罗世(J_3)。

5. 新生界

新生界在实习区内仅有部分第四系,分布在山前平原区,以冲洪积为主,其间夹海相层。晚更新世地层为冲积亚砂土夹砂砾石层;全新世的地层由冲积相、洪积相、海相、潟湖相的沉积物及风成沙形成,冲洪积相中夹层具不稳定的泥煤。含腹足类及哺乳动物化石。在秦皇岛至北戴河一带的全新世地层中,海相层厚度较大,占厚度的80%～90%。第四系一般厚20～80m。

第二节 岩浆岩和变质岩

一、概述

秦皇岛地区处于燕山造山带东段,东与太平洋板块相邻。造山带活跃的内力地质作用使得岩浆岩和变质岩分布十分广泛。如图2-1所示,从分布面积来看,新太古代变质岩约

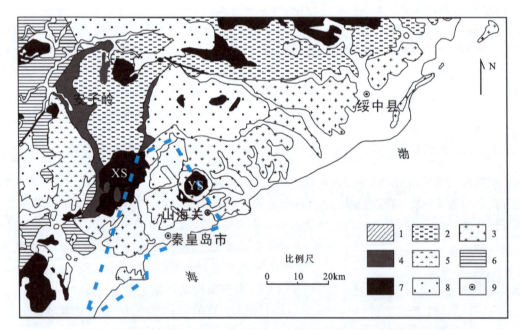

图2-1 秦皇岛—绥中地区侵入岩和变质岩分布简图(据穆克敏等,1989改编)
1.英云闪长质—花岗闪长质片麻岩;2.二长花岗质片麻岩;3.新太古代秦皇岛(绥中)中粗粒花岗岩;4.新太古代中细粒花岗岩;5.新太古代闪长岩;6.新太古代单塔子群(变质表壳岩);7.中生代花岗岩类侵入岩(XS.响山岩体;YS.燕塞湖岩体);8.震旦纪—侏罗纪(Pt_3—J)盖层沉积;9.第四纪沉积物;虚线框表示实习区大致范围

占30%,新太古代和中生代侵入岩约占40%,震旦纪—侏罗纪盖层沉积约占10%,第四纪松散沉积物约占20%。资料表明,在盖层沉积中,绝大部分为侏罗纪火山岩。火成岩和变质岩分布总面积约占全区面积的78%,可见秦皇岛地区岩浆活动和变质作用之强烈。从图中还可以看出,对该图西南部虚线框所示的实习区而言,大面积分布火成岩是其显著特点。在实习区,新太古代和中生代侵入岩约占65%,特别是新太古代侵入岩广泛分布,约占实习区面积的60%。在中生代侵入体接触带偶尔可见到少量接触变质岩。

表2-3列出了秦皇岛地区各类岩浆岩类型。从表中可以看出,区域岩浆活动以多期次和多样性为特点。时间上,区域岩浆活动包括新太古代五台期和中生代燕山期两个旋回。燕山期又包括中侏罗世(J_2)、晚侏罗世(J_3)和早白垩世(K_1)三期。通常将侏罗纪归为燕山早期,将白垩纪归为燕山晚期。秦皇岛地区岩浆岩包括了深成岩、浅成岩、喷出岩和火山碎屑岩全部四大成因类型,岩石类型丰富多样,以中酸性岩类,尤其以中酸性侵入岩(花岗质岩石)为主,少量基性岩类,个别地方还见有超基性岩石。

表2-3 秦皇岛地区岩浆岩一览表

旋回	时代	侵入岩		火山岩	
		深成岩	浅成岩	喷出岩	火山碎屑岩
燕山期	K_1	斑状石英正长岩*、斑状花岗岩*(125~120Ma①④)	花岗斑岩*、细粒花岗岩*、正长斑岩*、辉绿岩*、伟晶岩*、细晶岩*		
	J_3	花岗闪长岩*、闪长岩*(145~140Ma②)	石英斑岩	流纹岩*、安山岩*、粗面岩*	集块岩*、火山砾岩*、凝灰岩*
	J_2	闪长岩、花岗闪长岩、石英二长岩、花岗岩(170~150Ma②)	玻基辉橄岩*、花岗斑岩	玄武安山岩*、安山岩*(165~155Ma,K-Ar②)、流纹岩*	集块岩*、火山砾岩*、凝灰岩*
五台期	Ar_2	花岗闪长岩(2 526~2 521 Ma,LA-ICPMS锆石U-Pb法);花岗岩[(2 523±6)Ma;LA-ICPMS锆石U-Pb法](Yang et al.,2008)	伟晶岩*、细晶岩*		

* 为实习区可见到的岩石类型;①河北省第一区调大队(1982),引自杨坤光等(2000);②河北省地质局(1982);③引自穆克敏等(1989);④文霞等(2013)。

岩石的分类依据是成分、结构、构造等岩石的最显著特征。由于侵入岩结晶较充分,肉眼可以识别矿物颗粒,因而其分类主要考虑矿物含量,这种分类称为定量矿物分类。图2-2是国际地质科学联合会推荐的花岗质岩石的定量矿物分类。这个分类以石英(Q)、碱性长石(A)和斜长石(P)含量对岩石进行划分。关键是要对石英、斜长石和碱性长石进行正确鉴定并估计其含量,在此基础上将3种矿物的含量换算成百分含量(Q+A+P=100%)后,在QAP三角图中投点确定基本名称。岩石中的暗色矿物(如黑云母、白云母、角闪石、辉石)可作为前缀参加命名，如黑云母-角闪石花岗闪长岩。此外，岩石命名还可以考虑该岩石显著的结构构造特征，如斑状花岗岩（具有似斑状结构）、花岗斑岩（具斑状结构）、片麻状花岗闪长岩（具片麻状构造）等。

在花岗质岩石分类中，石英（Q）是最重要的矿物，它决定岩石的大类。从图2-2中可以看出，花岗岩类（酸性）岩石的 Q>20%，闪长岩类（中性）岩石的 Q<5%，而当 Q=5%~20%时，属于花岗岩类与闪长岩类过渡类型，称为石英闪长岩类。从图2-2还可以看出，碱性长石（A）与斜长石（P）的比例是进一步划分的依据。其中，在花岗质侵入岩中，碱性长石包括钾长石和钠长石（指含钙长石分子 An<5%的斜长石），钾长石又包括正长石和微斜长石。因此在野外，正确鉴定不同的长石是非常重要的。不过，有时肉眼区分钾长石与斜长石比较困难，特别是区分钠长石与一般的斜长石往往很难办到，需要在室内用偏光显微镜或电子探针等专门的方法进一步鉴定。此时，在野外可用"花岗岩""闪长岩""石英闪长岩"等大类名称初步命名，等到室内鉴定结果出来后再详细定名。

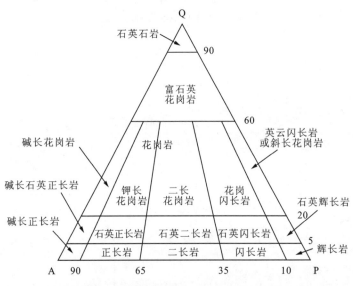

图 2-2　花岗岩类岩石 QAP 分类三角图
Q. 石英；P. 斜长石；A. 钾长石＋钠长石（An<5%）

二、新太古代变质岩

20 世纪 80 年代末期以来，随着区域变质岩地区的地质调查和岩石学-构造学研究的深入，许多原来被认为的变质地层中都解体出大量变质侵入岩，甚至解体出大量未变质的岩浆花岗岩（以往认为是混合花岗岩，甚至是混合岩），秦皇岛地区也不例外。这里要特别提到穆克敏等（1989）的工作，对秦皇岛地区新太古代变质地层解体做出了突出贡献。他们不仅在原变质地层中区分出了变质侵入体，还以大量的地质学、岩石学、地球化学资料论证了大面积分布在秦皇岛—绥中沿海一带的原"混合花岗岩"的岩浆花岗岩性质。

从现有资料看,秦皇岛地区新太古代区域变质岩形成于距今3 000~2 800Ma(阜平期),包括变质表壳岩(即变质地层,称作单塔子群)和安子岭花岗质片麻岩两大套岩石组合。它们都遭受了中级区域变质作用(变质相属角闪岩相),岩石的片理、片麻理等定向构造发育,它们代表了华北地块北缘古陆核急剧增生过程。单塔子群变质表壳岩分布在西部双山子—昌黎一带,是一套变质的火山岩和沉积岩岩系。主要为黑云母-斜长石片麻岩、黑云母-角闪石—斜长石片麻岩夹角闪岩和条带状磁铁石英岩,局部夹白云质大理岩,常见条带状混合岩化。磁铁石英岩有时可作为铁矿开采。安子岭花岗质片麻岩分布在北部安子岭一带,是一套黑云母(-角闪石)-斜长石片麻岩、黑云母-二长石片麻岩组合。这些片麻岩一方面具有花岗变晶结构、片麻状构造,另一方面具有变余花岗结构,岩石中常见单塔子群变质岩包体,局部还可见到与围岩的侵入接触关系,成分上分别与图2-2中的二长花岗岩、花岗闪长岩、英云闪长岩相当,因而是一套变质的英云闪长岩、花岗闪长岩、二长花岗岩组成的花岗质侵入体。为了突出其原岩的正变质性质,把它描述为"一套由英云闪长质片麻岩、花岗闪长质片麻岩和二长花岗质片麻岩组成的花岗质片麻岩组合"。

上述新太古代区域变质岩主体均分布在实习区外。在实习区内仅以大小不等的包体(捕房体)产于新太古代秦皇岛花岗岩和中生代花岗岩之中。在金山嘴、联峰山顶等地变质岩包体较多。图2-3是在金山嘴岩岸露头上见到的变质岩包体的照片,其中图2-3(a)是秦皇岛中粗粒花岗岩中一个花岗闪长质片麻岩大包体(GD)的局部,可看到具有明显的片麻状构造,花岗闪长质片麻岩本身又包有角闪岩包体(A)。角闪岩包体具清楚的边界和熔蚀圆化外形,说明它在成因上属捕房体,也说明片麻岩的正变质性质。图2-3(b)变质岩包体包在伟晶岩之中,它由片麻岩(G)和角闪岩(A)两种岩石组成。值得注意的是角闪岩切割了片麻岩的片麻理,并可以看到角闪岩的枝杈沿片麻理插入片麻岩中,说明这个角闪岩与围岩的侵入接触关系,是一个变质的基性侵入体。此外,在联峰山顶,可以看到条带状混合岩化黑云母-斜长石片麻岩和角闪岩,可能是秦皇岛中粗粒花岗岩之上的一个围岩残留顶盖。

图2-3 金山嘴变质岩包体露头照片(据王家生,2003)
(a)花岗闪长质片麻岩大包体(GD)中有角闪岩包体(A);(b)伟晶岩(P)中有变质岩包体,变质岩包体包括片麻岩(G)和角闪岩(A)两种岩石类型

三、新太古代花岗质侵入岩

秦皇岛地区广泛产出新太古代花岗质侵入岩,包括闪长岩、中细粒花岗岩、中粗粒花岗岩等深成侵入岩及相关的伟晶岩、细晶岩等浅成侵入岩。前人曾在深成侵入岩中测得 2 526～2 521Ma 的锆石 U-Pb 年龄,代表秦皇岛侵入岩的结晶时代(Yang et al., 2008)。在实习区北部鸡冠山顶可见到新元古界龙山组碎屑岩呈沉积不整合覆盖于中粗粒花岗岩古侵蚀面上。该花岗岩可与秦皇岛地区其他新太古代花岗质侵入岩对比,为华北克拉通五台期大规模岩浆活动的产物。在该期岩浆活动之后,本区的太古宙结晶基底最终形成。

闪长岩分布在西部双山子以南,呈南北向长圆形岩基侵入于新太古代区域变质岩之中。岩体长约 35km,最宽处约 13km,出露面积约 300km²。中细粒花岗岩呈南北向不规则狭长小岩基与闪长岩相伴,分布在其东侧。岩体长约 45km,宽 7～12km,出露面积约 150km²。它们都分布在实习区外。

中粗粒花岗岩在实习区大面积出露,呈北东向巨大岩基分布在秦皇岛—绥中沿海一带,称为秦皇岛花岗岩或绥中花岗岩。岩体长约 150km,宽 10～30km,出露面积达 2 600km²。在实习区分布尤其广泛,约占实习区面积的 60%,在许多观察路线上都可见到。该花岗岩风化不仅形成北戴河一带著名的沙质黄金海岸,而且花岗岩本身侵蚀形成的奇山怪石也构成秦皇岛地区的主要景点,令游人流连忘返(图 2-4)。

图 2-4 秦皇岛老虎石公园内,由秦皇岛花岗岩海蚀形成的景点——"犀牛望月"

秦皇岛花岗岩为灰白色—浅肉红色,中粗粒结构,块状构造,局部具弱片麻状构造。按结构可称为中粗粒花岗岩。穆克敏等(1989)按构造将其称为块状花岗岩。按照矿物成分可以划分二长花岗岩和微斜长石花岗岩两个岩石类型,以二长花岗岩为主,它们的成分点在图2-2上分别落入二长花岗岩区和碱长花岗岩区。

二长花岗岩是秦皇岛花岗岩主体岩石,在实习区内柳江向斜东侧和南侧、山海关、鸡冠山、老虎石和燕山大学等地都有大面积出露。岩石主要由微斜长石(34%~35%)、石英(27%~31%)、斜长石(An=7~10,25%~32%)组成,含少量黑云母(7%~10%)、绿帘石(1%~2%)、白云母(0.5%~1%),副矿物为榍石、磷灰石和磁铁矿(总含量0.5%~1%)。

微斜长石花岗岩较少,在小东山等地出露。岩石主要由微斜长石(56%~62%)、石英(25%~30%)、斜长石(An=17~20,5%~10%)组成,含少量黑云母(2%~8%)、绿帘石(0.5%~2%)、白云母(0.5%~1%),副矿物为榍石、磷灰石和磁铁矿(总含量为0.1%~0.5%)。据林建平等(2001),微斜长石花岗岩就位年代晚于二长花岗岩,大多呈小规模岩体侵入于二长花岗岩之中。

在秦皇岛花岗岩分布区常可见到岩浆活动晚期富流体残余岩浆形成的伟晶岩脉和热液活动形成的石英脉。在联峰山发现,由山脚往山顶,越接近变质岩残留顶盖,伟晶岩脉、石英脉越多。这符合残余岩浆和热液活动集中在岩体顶部的一般规律,说明这些伟晶岩脉、石英脉大多数与新太古代秦皇岛花岗岩有密切的成因联系。当然,由于秦皇岛地区中生代岩浆活动强烈,不排除部分伟晶岩脉、石英脉属于燕山期。伟晶岩脉主要由颗粒粗大的石英和钾长石(微斜长石)组成,钾长石与石英常紧密交生,构成如图2-5所示的文象结构。有时可以看到矿物分带现象,发育最完整的分带自边缘至中心为:细晶岩带→微斜长石带→石英带,显示从边缘至中心逐渐结晶。

图2-5 文象结构

左:文象结构示意图(李尚宽,1982)黑色为石英,浅色为钾长石;右:老虎石公园滨海公路西侧基岩中所见的文象结构,无色透明的颗粒为石英,灰白色颗粒为长石(谢树成摄于2017年),参照物为中性笔笔帽(直径约1cm)

差异风化现象在花岗岩和伟晶岩中十分突出。石英脉具有非常强的抗风化能力,因而常突出在露头表面。在实习区,一条厚10~15m的巨型石英脉构成鸽子窝—鹰角亭一带的奇峰陡崖[图2-6(A)]。伟晶岩与花岗岩成分差不多,然而我们经常看到伟晶岩脉突出于花岗岩,说明它比花岗岩耐风化侵蚀。图2-6(B)的金山嘴著名景点南天门,实际上是一个海蚀穹,由伟晶岩(P)和花岗岩(GR)构成。如果没有伟晶岩,这个海蚀拱桥早就垮塌了。伟晶岩比花岗岩耐风化,究其原因主要是上述文象结构起作用。与钾长石交生的文象状石英起到"骨架"的作用,提高了伟晶岩的抗风化侵蚀的能力。

图2-6　鸽子窝—鹰角亭远景和金山嘴南天门

(A)鸽子窝—鹰角亭一带奇峰陡崖由一条巨型的石英脉构成;(B)金山嘴著名景点南天门,它实际上是海蚀拱桥,由伟晶岩(P)和花岗岩(GR)构成

四、中生代燕山期火成岩

1. 概述

从图2-1和表2-3可以看出,秦皇岛地区中生代燕山期火成岩分布广泛,几乎遍及全区。岩石类型丰富多样,包括了深成岩、浅成岩、喷出岩、火山碎屑岩全部四大成因类型,以及酸性、中性、基性、超基性四大化学类型。而且具有多期性,包括燕山早期中侏罗世(J_2)和晚侏罗世(J_3)以及燕山晚期早白垩世(K_1)3期。上述特点说明秦皇岛地区中生代燕山期岩浆活动强烈,这是区域地质的一大特征,与中生代华北克拉通的拉张、减薄有关,起因于古太平洋板块往西向古欧亚大陆之下俯冲,导致了包括秦皇岛地区在内的古陆边缘强烈的岩浆侵入和火山活动。

2. 燕山早期火成岩

燕山早期中侏罗世(J_2)和晚侏罗世(J_3)火成岩都包括了侵入岩(深成岩和浅成岩)与火山岩(喷出岩和火山碎屑岩),但以火山活动强烈为特点。

中侏罗世(J_2)深成岩包括闪长岩、花岗闪长岩、石英二长岩、花岗闪长岩、花岗岩等中酸性岩石,但都以小规模的侵入体产出,在实习区不发育。浅成岩包括玻基辉橄岩(超基性)、花岗斑岩。在实习区内石门寨西北北浴村西约200m的小路上可见到玻基辉橄岩岩墙,侵入于中侏罗世火山碎屑岩中,可见其年龄比火山岩稍晚。玻基辉橄岩为深灰色,斑状结构,块状构造,斑晶为辉石和橄榄石。

晚侏罗世(J_3)火山岩出露在实习区北部上平山、石门寨、上庄坨、义院口一带,称作髫髻山组(又称作"蓝旗组"),由玄武安山岩、安山岩、流纹岩等中酸性喷出岩与集块岩、火山砾岩、凝灰岩等火山碎屑岩互层组成。区域上该套火山岩的年龄介于161～153Ma之间。髫髻山组成分上以安山质为主,建造上具有复合火山沉积特点,说明当时秦皇岛地区曾发生爆炸式火山喷发。在上庄坨村西200m的抽水站旁,有很好的集块岩、安山岩露头(图2-7)。其中集块岩[图2-7(A)]为灰紫色,粗火山碎屑为长轴50～150mm的椭球形火山弹,含量约45%。火山弹间隙内充填主要为火山砾,有少量火山灰。火山碎屑成分为安山岩,因而称为安山质集块岩。该集块岩具有火山口附近的火山碎屑降落沉积特点。安山岩为灰绿色—紫红色,斑状结构,块状构造或气孔-杏仁构造。岩石类型多样,按其最显著的特征可分为气孔安山岩[气孔构造,图2-7(B)]、角闪石安山岩[斑晶主要为角闪石,图2-7(C)]、富斜长石斑晶安山岩[图2-7(D)]、辉石安山岩(斑晶主要为辉石)等。气孔安山岩为暗灰绿色,含橄榄石斑晶,成分向玄武岩过渡,按成分属玄武安山岩。

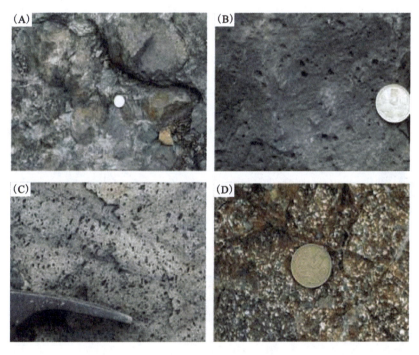

图2-7 中侏罗世髫髻山组火山岩(据王家生,2003)
(A)安山质集块岩;(B)气孔安山岩;(C)角闪石安山岩;(D)富斜长石斑晶安山岩;拍摄点位于上庄坨村西200m的抽水站旁

晚侏罗世(J_3)侵入岩包括闪长岩、花岗闪长岩、石英斑岩等,在实习区不发育,仅在北部驻操营东有一南北向闪长岩长圆形小岩株,面积不到10km^2。

3. 燕山晚期火成岩

燕山晚期早白垩世(K_1)也是岩浆活动活跃的时期,实习区内分布大量的侵入岩和火山岩,其中最典型的是分布于实习区北部柳江盆地西侧的响山花岗岩和燕塞湖附近侵入岩-火山岩共生的环状杂岩体。

响山斑状花岗岩位于柳江向斜西侧,是一个出露面积约150km²的小岩基(图2-1),侵入于新太古代秦皇岛花岗岩和寒武纪—石炭纪地层之中。据河北省第一区调大队(1982)资料显示,它们的同位素年龄为125~120Ma。岩石为肉红色,似斑状结构,块状构造。主要由钾长石(约58%)、石英(约28%)、斜长石(约6%)组成,含少量角闪石(约5%)、黑云母(约2%),副矿物为锆石、磷灰石和磁铁矿(总含量约1%)。成分上属于图2-2分类中碱长花岗岩。

燕塞湖附近的杂岩体也叫后石湖山杂岩体,位于柳江向斜南东燕塞湖一带,面积约为100km²。在空间分布上,它是受北西向与北东向断层控制的、形态呈圆形—椭圆形较规则地质体,其长轴为北东向,岩体断裂和节理发育(图2-8)。它的岩性复杂,不同岩性的岩浆岩呈环状分布,主要包括外环的石英正长岩侵入体、中心的碱长花岗岩岩株以及内环的碱长粗面岩、碱流岩、碱性流纹质熔结凝灰岩等早白垩世(K_1)火山岩,体现侵入岩与火山岩的共生特征,从而构成了一个典型的火山-侵入杂岩体(图2-8)。杂岩体同位素年龄为121~118Ma(文霞,2013),其围岩为新太古代秦皇岛花岗岩及新元古代—古生代早奥陶世的沉积地层。

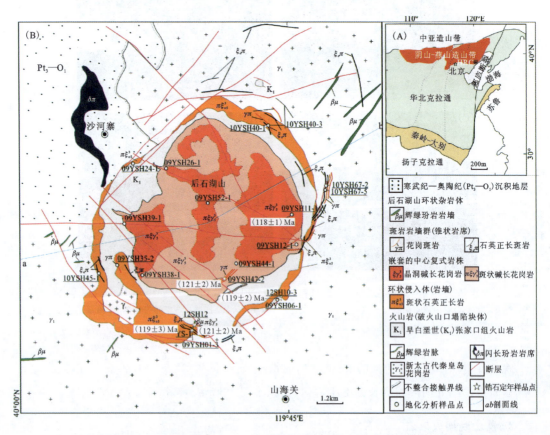

图2-8 后石湖山侵入岩-火山岩共生组成的环状杂岩体(据文霞等,2013)

早白垩世浅成岩的岩石类型多样,主要包括花岗斑岩、正长斑岩、辉绿岩等岩石类型,在实习区分布广泛,它们呈厚度几厘米至十几米,产状或陡或缓的岩墙侵入于先成的地层或岩体中(图 2-9),因规模较小,冷凝速度快,这些岩体中节理十分发育。在岩墙与围岩接触带有时可看到岩墙边缘的细粒冷凝边,相对的围岩一侧具有由退色显示出的烘烤边。在与沉积岩围岩接触带,可以看见接触面切割围岩层理[图 2-9(A)、(B)],有时可见围岩的捕房体(图 2-10),这些都是侵入接触关系的可靠证据。

图 2-9 秦皇岛实习区内燕山晚期代表性岩墙

(A)、(B)亮甲山采石场侵入于下奥陶统亮甲山组灰岩之中的辉绿岩岩床和岩墙,岩床产状平缓(A,黑色),岩墙产状陡立(B),它们的接触面都切割了围岩层理;(C)燕塞湖采石场的正长斑岩岩墙(深灰色)侵入于斑状石英正长岩(浅色)之中;(D)沙锅店东山梁侵入于下奥陶统亮甲山组灰岩之中的花岗斑岩岩墙(浅色),岩墙产状陡立,厚度较大(约 10m),由于其抗风化能力明显强于围岩(灰岩),因此像城墙一样突出于地面

辉绿岩见于亮甲山[图 2-9(A)、(B)]、燕塞湖采石场和石门寨等地,在亮甲山大面积出露。辉绿岩体呈岩墙、岩床及岩脉形式产出,岩体边界明显切割围岩层理。岩石呈灰绿色,细粒结构或斑状结构,块状构造,主要由斜长石(约 60%)和辉石(约 40%)组成,仔细观察可看到斜长石呈较自形的长柱状不定向分布,辉石呈他形细粒状分布于斜长石晶体间隙之中[图 2-11(A)],这种结构称为辉绿结构。

正长斑岩多见于燕塞湖一带,在燕塞湖采石场,正长斑岩岩墙侵入于斑状石英正长岩之中[图 2-9(C)],在接触带可见侵入体(正长斑岩)中有围岩(斑状正长岩)的捕房体,并发育清楚的冷凝边和烘烤边(图 2-10)。岩石呈暗灰色,斑状结构,块状构造,斑晶为肉红色板状正长石[图 2-11(B)]。

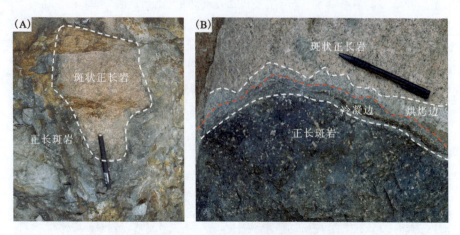

图 2-10 燕塞湖采石场正长斑岩侵入到斑状正长岩的证据
(A)正长斑岩中的斑状正长岩捕虏体；(B)冷凝边和烘烤边

图 2-11 秦皇岛实习区三类代表性浅成岩照片
(A)辉绿岩,亮甲山采石场；(B)正长斑岩,燕塞湖采石场；(C)花岗斑岩,沙锅店

花岗斑岩在实习区较常见。在沙锅店东山梁一条花岗斑岩岩墙侵入于下奥陶统亮甲山组灰岩之中。岩墙产状陡立,厚度较大(约10m),由于与灰岩围岩相比抗风化能力明显较强,像城墙一样突出于地面[图 2-9(D)]。岩石呈浅肉红色,斑状结构,块状构造,斑晶为钾

长石和石英。钾长石斑晶多风化成高岭土集合体,并被铁染成红褐色[图2-11(C)]。石英斑晶暗灰色,有时可见很好的六方双锥形晶体。

早白垩世火山岩称作张家口组(或称"白旗组"),1∶5万区域地质调查资料(青龙幅)将其定位早白垩世,主要分布在后石湖山杂岩体东南侧,岩性与上侏罗统髫髻山组类似,主要由流纹岩、安山岩、粗面岩等中酸性喷出岩与集块岩、火山砾岩、凝灰岩互层组成。同时,后石湖山杂岩体内部发育大量火山岩(图2-8),以粗面岩、流纹岩为主,并在其南、西和北部发育,如燕塞湖水库、蟠桃峪和九门口等地出露了大量集块岩、火山角砾岩和熔结凝灰岩等,同位素年龄为125~118Ma(文霞等,2013)。上述火山岩说明秦皇岛地区在早白垩世也曾发生爆炸式与溢流式相间的火山喷发。

五、燕山期接触变质岩

在秦皇岛地区燕山期侵入体接触带,有时可以观察到围岩在岩浆热和岩浆流体作用下发生的接触变质。

图2-10的烘烤边就是一个小的接触变质带,它是接触带斑状石英正长岩,在正长斑岩岩墙带来的岩浆热影响下发生成分、结构变化(表现为退色)所形成。

据杨坤光等(2000)研究(未发表),响山斑状花岗岩岩体与寒武纪和奥陶纪灰岩的接触带发育较大规模的接触变质,形成大理岩和角岩。在响山圣宗庙、房身沟等地还形成接触交代变质成因的矽卡岩型含铜磁铁矿小型矿床。

第三节 构 造

实习区大地构造位置处于中朝地块燕山褶皱造山带的东段(陆核、结晶基底分别形成于3 000Ma和1 700Ma之前),东邻太平洋板块。在中元古代(Pt_2)—新元古代(Pt_3)早期,燕山地区是一个近东西方向展布的海洋,其中心地区沉积了近万米厚的地层。古生代时期海域范围缩小,海水深度变浅,主要沉积了浅海及海陆交互相的地层,局部地区甚至上升为陆地(山海关地区),从而缺失一些时期的地层(实习区缺失了上奥陶统—下石炭统)。中生代以来,燕山地区的地壳活动增强,岩浆活动和构造变形强烈,早先沉积的地层普遍遭受了褶皱变形,成陆造山,因而局部地区缺失下—中三叠统(T_{1-2})、白垩系(K)、古近系(E)和新近系(N)等地层。

实习区的构造运动表现明显,既有升降运动的表现,又有水平运动的表现。按时间上可将实习区构造运动分为古构造运动、新构造运动和现代构造运动。

一、古构造运动

古构造运动是指发生在古近纪及其以前地质历史时期内的构造运动,主要表现为区域性的地层不整合接触以及一定规模的褶皱、断裂构造。

1. 地层不整合界面

实习区可见两个显著的地层不整合界面,分别代表华北地台两次古构造运动。第一个不整合界面发育于新元古界龙山组砂岩与新太古代花岗岩之间,形成沉积不整合(或非整合)接触关系,在鸡冠山顶可以观察到该现象[图2-12(A)];形成于约2 500Ma前的新太古代花岗岩严重风化退色,呈现灰白色;年龄约800Ma的龙山组砂岩底部存在底砾岩,两套岩石之间存在1~10cm厚、灰色及紫红色、凹凸不平的古风化壳;两者之间缺失了约1 800Ma的地质记录。说明新太古代花岗岩侵入体形成之后,被抬升至地表经历了长期的风化剥蚀,至新元古代地壳再次下降,形成了滨浅海相的龙山组砂岩。区域上,发生在2 500~1 800Ma之间的地壳大规模的升降构造运动对应著名的吕梁运动。

第二个不整合界面发育于中石炭统本溪组砂岩与中奥陶统马家沟组白云质灰岩之间,在石门寨地区可见两者之间的平行不整合接触关系[图2-12(B)]:马家沟组白云质灰岩顶部严重风化,呈现土黄色,且局部有古岩溶作用痕迹;本溪组与马家沟组之间存在一层厚薄不均的紫红色古风化壳;两套地层的接触界面凹凸不平;两套地层之间缺失了上奥陶统、志留系、泥盆系及下石炭统;两套地层产状接近。该平行不整合接触在华北地区广泛分布,代表发生在中石炭世和中奥陶世之间的一次区域性地壳的抬升及下降运动。

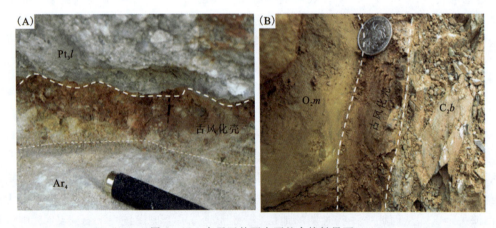

图2-12 实习区的两个不整合接触界面
(A)鸡冠山新元古界龙山组砂岩(底砾岩)(Pt_3l)与新太古代花岗岩(Ar_4)之间的沉积不整合接触关系及其中的古风化壳;(B)中石炭统本溪组砂岩(C_2b)与中奥陶统马家沟组白云质灰岩(O_2m,风化成土黄色)之间的平行不整合接触关系及其中的古风化壳

2. 褶皱构造

区域褶皱构造主要表现为向斜构造,局部发育一些次级褶皱,主要有柳江向斜和义院口背斜。

柳江向斜是实习区内的主要褶皱构造,位于实习区北部老君顶—小傍水崖—鸡冠山一带,近南北向延伸(图2-13),长约20km,宽约8km。柳江向斜的地层由新元古界—中生界地层组成,核部地层主要为二叠系,大多被侏罗纪火山岩不整合覆盖。两翼地层主要为寒武系、奥陶系和石炭系。向斜西翼地层倾向南东东,倾角一般大于50°,个别倾角大于80°,倾角一般10°~25°,地层出露较完整。

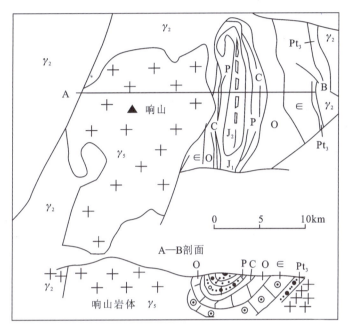

图2-13 柳江向斜构造示意图和剖面图
(常发育一些南北走向的逆断层,致使局部地区地层出露不全;向斜东翼地层向西倾)

义院口背斜位于柳江向斜北部义院口公路旁,是柳江向斜的一个次级褶皱,规模较小,露头破碎强烈。背斜地层由二叠系深灰色、灰黑色砂质页岩、砂岩及含砾砂岩组成,核部地层为砂质页岩,两翼地层为砂岩和含砾砂岩。岩层弯曲变形连续,北翼地层向北倾斜,倾角25°左右;南翼倾向东南,倾角60°左右;枢纽向北东东倾伏;转折端圆滑,发育向核部收敛的放射状节理(图2-14)。

图2-14 义院口背斜露头(据王家生,2004)

3. 断裂构造

区域大断裂主要围绕山海关古陆隆起发育,其中西界大断裂为北北东向青龙-滦县大断裂,中元古代时期该断裂控制燕山海槽东段的大地构造性质,断裂以西地区呈大幅度拗陷状态,以东地区则主要呈现上升状态(山海关地区)。

实习区断裂构造大多与柳江向斜背景有关,其中南北向断层是实习区比较发育的一组断层,主要分布于柳江向斜的西翼,由若干条逆断层组成断层带,长达10km,宽200～300m。断面倾向西,倾角常大于66°,切割了古生界—侏罗系。北东向断层也是实习区主要发育的断裂,主要分布于柳江向斜两翼。延伸较长,有正断层和逆断层两种类型。北西向断层主要分布于柳江向斜西翼的中、北部地区,规模一般较小,多为平移断层。东西向断层分布于柳江向斜的南、北两端,主要形成于中生代时期。

除了较大规模的断层之外,实习区也发育一些较小规模的断层,局部组合成叠瓦状和阶梯状断层(图2-15)。此外,实习区发育大量节理构造,类型有剪节理和张节理,方向主要有北东向和北西向,其次有南北向和东西向。

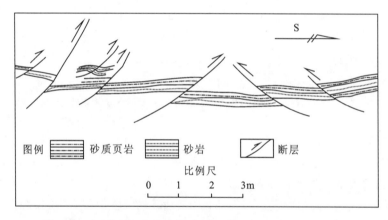

图2-15　马蹄岭垭口叠瓦状断层示意图(据武汉地质学院,1985)

二、新构造和现代构造运动

新构造运动是指发生在新近纪及第四纪的构造运动,现代构造运动是指发生在人类历史时期的构造运动。由于构造运动发生的年龄测定资料的局限性,实习区新构造运动和现代构造运动实际上比较难以区分。它们总体上表现为地壳的上升运动,且西北部地壳抬升幅度大于东南部。

从地貌特点可见,自实习区北部柳江盆地至南部北戴河海滨地区,普遍存在3级夷平面(杨坤光等,2000,内部资料)。Ⅰ级夷平面海拔高度约600m,形成时间约在古近纪晚期至新近纪早期主要分布在柳江盆地西部的轿顶山、大平台一带。Ⅱ级夷平面海拔高度约450m,形成时间为新近纪中晚期,主要分布于柳江盆地北部的老君顶大洼山及其以西地区。Ⅲ级夷平面海拔高度约300m,形成时间为新近纪至第四纪早期,主要分布于柳江盆地、石门寨、燕塞湖以北广大地区。

进入第四纪以来,地壳的上升运动造成了河流阶地、海蚀阶地和高出现代潜水面的溶洞等地质记录。在大石河和汤河两侧,分别发育多级河流阶地。其中,Ⅰ级阶地高出河漫滩2~3m,通常为堆积阶地,表面宽平且完整;Ⅱ级阶地高出河漫滩5~10m,为堆积阶地,表面宽平,但不连续;Ⅲ级阶地高出河漫滩20~25m,为侵蚀阶地,表面不连续,常有零星磨圆度较好的砾石分布;Ⅳ级阶地高出河漫滩30~35m,为侵蚀阶地,零星分布。上述4级河流阶地的出现,反映了第四纪以来实习区地壳至少经历了4次强烈抬升运动,每次抬升幅度约10m。这一地壳抬升现象也反映在北戴河海滨区的海岸基岩上,不同高度的海蚀穴、海蚀凹槽和海蚀沟普遍发育在鹰角亭、小东山、金山嘴和老虎石等基岩海岸上。

第四节 矿 产

实习区矿产资源丰富,主要有煤矿、铝土矿和耐火黏土、石灰岩、石英砂岩等,此外有铁铜矿、铅锌矿和重晶石等金属矿产、滨海砂矿和花岗岩、正长岩和辉长岩等建筑石材。

一、煤矿

煤矿是实习区主要矿种,广泛分布在柳江向斜的石炭系(本溪组、太原组)、二叠系(山西组、下石盒子组)和侏罗系(髫髻山组、下花园组)地层中,总分布面积约75km²。其中产于石炭系的煤有2层,产于二叠系的煤有4层,产于侏罗系的煤达10层(杨丙中等,1984),其原始沉积环境主要为海陆交互的滨海平原和内陆湖泊环境。煤层厚度变化大,一般厚度为0.5~2.5m,最大厚度达12.68m(二叠系)。煤质牌号一般为无烟煤,局部为贫煤(图2-16)。由于煤层受后期岩浆活动影响,各煤层均发生不同程度的变质,煤质灰分偏高,硬度大,呈致密块状。各煤层的含硫量自下而上逐渐减少,但均小于1%,属于低硫煤。各煤层含磷量小,最大值介于0.09%~0.02%。各煤层的黏结性均为1,不黏结的均成粉状。

图2-16 石门寨西门外煤矿(左)和挖出的煤块(右)(据王家生,2004)

二、铝土矿和耐火黏土

铝土矿主要分布在柳江向斜两翼,矿层主要产于石炭系底部页岩和黏土岩中,底界受古风化剥蚀面控制。矿体最长达1km多,厚度一般2~3m,可供开采品位的矿体不多(图2-17)。区域上该层铝土矿相当于耐火黏土的G层。

图2-17　石门寨西门外铝土矿矿石(左)和挖矿探槽(右)(据王家生,2004)

耐火黏土主要分布于柳江向斜东翼的石炭系和二叠系中,自上而下共分7层(A、B、C、D、E、F、G),由于耐火黏土层原始形成条件的特殊性,含矿地层在区域上存在相变,矿体常呈透镜体产出,大小不等,其中工业可采层位一般为G、F、D和B层。G和F层产于中石炭统本溪组底部,D层产于上石炭统太原组,B层位于下二叠统山西组顶部。矿石化学成分多为Al_2O_3＋TiO(25%~48%)、Fe_2O_3(1.3%~3.0%),烧失量13%~15%,耐火温度1 650~1 750℃。

三、石灰岩

石灰岩在实习区北部十分普遍,主要分布于柳江盆地寒武系、奥陶系地层中。化学成分主要为$CaCO_3$,其次为$MgCO_3$、SiO_2和Fe_2O_3。主要用途是烧制水泥,当地建有一批大型水泥厂。此外,用于烧制石灰、建筑石材和铺路基石。石灰岩的开采和加工利用,已经给当地环境带来了较大污染。

四、石英砂岩

石英砂岩主要产于柳江向斜翼部的新元古代地层中,实习区主要见于鸡冠山顶部。石英砂岩纯度较高,SiO_2含量为90.99%~95.17%,Al_2O_3含量为2.76%~4.96%,Fe_2O_3含量为0.34%~0.43%,质量符合工业制作要求,曾被秦皇岛耀华玻璃厂等大型生产企业作为主要石英原料开采。

除了上述主要矿产之外,实习区还产有铁铜矿、铅锌矿和重晶矿等,它们常产于岩浆侵入体周围。滨海区的沙滩和残坡积物中常含有较高独居石矿物,最高品位可达 $600g/m^3$,平均达 $54.12g/m^3$,可作为工业砂矿开采。实习区广泛分布的花岗岩、正长岩和辉长岩等岩浆侵入体,常用作建筑石板、雕刻石材和路基石料等。

第五节 区域地质发展简史

实习区位于中朝地块燕山褶皱造山带的东段。在距今约 3 000Ma 之前的古太古代,西起内蒙古大青山,向东经过山西省阳高,河北省怀安、遵化、迁安、山海关和辽宁省新金一带,中朝地块形成了以海底火山喷发岩为主的迁西群沉积(Sm-Nd 测年,3 500Ma)。约 3 000Ma 时中朝地块形成初始陆核,开始陆壳和洋壳的分异。实习区西部的青龙-滦县大断裂形成于新太古代晚期,控制了实习区古元古代和新元古代早期的沉积背景。青龙-滦县大断裂西盘持续下降,沉积了厚达数万米的碎屑岩和火山岩;东盘(实习区)则为断隆起,遭受剥蚀。新元古代中期,华北地区整体下降,海侵范围急剧扩大,实习区出现了新元古代晚期浅海相沉积。之后在 800～570Ma 期间,整个中朝地块上升成陆,没有沉积。

古生代开始中朝地块总体处于海侵状态;从寒武纪至中奥陶世末期,基本连续沉积了一套海相地层。从晚奥陶世开始,中朝地块整体平均再次上升成陆,直到中石炭世才重新下降变成海洋,接受沉积。因此,实习区普遍缺失晚奥陶世—早石炭世的地层,形成古风化剥蚀面。

中、晚石炭世的沉积总体以海陆交互相为主,在底部与奥陶系的不整合面附近形成残积型铁矿和铝土矿。晚石炭世末期实习区地壳上升,至早二叠世基本脱离海洋环境,晚二叠世完全变为陆地,整个华北地区开始出现一套以河湖相和沼泽相为主体的含煤碎屑岩沉积。

中生代开始,实习区上升强烈,缺失沉积。中三叠世末期的印支构造运动使实习区地层发生强烈构造变形,致使下侏罗统与古生界之间呈角度不整合接触关系。侏罗纪时期的燕山运动对实习区影响强烈,早侏罗世末期的燕山运动Ⅰ幕造成下侏罗统和中侏罗统之间的弱角度不整合。中侏罗世末的燕山运动Ⅱ幕产生强烈构造变形,形成了实习区柳江向斜构造。晚侏罗世的火山活动带来了实习区中酸性火山喷发,末期燕山运动Ⅲ幕(主幕),带来实习区大规模的花岗岩体侵入(145～137Ma)。早白垩世地壳活动进入相对平静期,只有少量斑岩类小岩体和浅成岩脉侵入。早白垩世末的构造运动强度明显减弱,直到现在整个华北地区构造运动逐渐减弱,全区总体上升,遭受剥蚀。因此实习区总体缺失白垩纪至新近纪的沉积。

新生代以后,实习区差异升降和阶段性升降运动明显,造成实习区西北高、东南低的地貌格局,形成 600m、450m、300m 海拔高度的夷平面和多级河流阶地、海蚀阶地和其他古海蚀地貌,并造就了实习区总体水系流向东南,注入渤海。

第三章 野外地质教学实习路线

第一节 新河河口三角洲—鸽子窝—海上音乐厅基岩海岸地质作用

一、基本任务

路线:基地—观鸟湿地—新河口—鸽子窝—海上音乐厅—基地。
任务:
(1)观察新河河口三角洲地形、沉积物和沉积构造、海洋生物。
(2)观察基岩海岸波浪运动特征、海蚀地貌、沉积物特征及海洋生物。

二、出野外前的知识储备

本条路线主要观察现代的外动力地质作用过程,具体包括河流地质作用与海洋地质作用两方面。

(1)河流地质作用:了解河流的上、中、下游以及河口区的地质作用的差异;重点了解河口区地质作用的特征;熟悉三角洲沉积,包括三角洲的类型、环境单元;最后,了解如何在野外区分建设型和破坏型三角洲、河控型和浪控型三角洲。

(2)海洋地质作用:了解海洋地质作用在滨海、浅海与深海的特点;了解滨海地质作用,包括滨海侵蚀作用与沉积作用的特点;了解基岩海岸侵蚀作用的具体过程以及相应的海蚀地貌;熟悉波浪从海向陆的传播及其形成的波痕类型。

三、野外具体观察和描述内容

NO.1

点位:新河河口三角洲观鸟湿地北侧。
点义:沉积物、沉积构造及海洋生物观察。
内容:

1. 地形及沉积物特征

观察点位于新河河口三角洲北缘,地势平坦、开阔,并微微向海洋方向倾斜,可见一些平行于海岸线方向分布的沙脊和水沟,高潮线附近发育沿岸堤,堆积大量藻类和生物碎屑。

沉积物为细沙,结构疏松,主体为灰黄色,深部有机质含量较高时呈黑色。主要成分为石英、长石、云母及少量暗色矿物,含贝壳碎屑。由陆地向海洋方向,沉积物粒度逐渐减小。

2. 沉积构造

沉积物表面可见大量波痕构造。绝大部分波痕的波脊线(波峰的连线)走向与海岸线大致平行,波长4~10cm,波高0.5~1.5cm,靠近陆地一侧波长变短。波谷处沉积物粒度大于波峰,且生物碎屑含量明显较多。根据波峰、波谷的几何形态特征分类,此处可见到的波痕包括对称波痕、不对称波痕、平顶波痕、槽状波痕、双脊波痕和干涉波痕等,分别反映出不同的水动力环境。

(1)不对称波痕:波峰的一侧坡度较陡(背水面),另一侧较缓(迎水面)。波脊线连续,大致与海岸线平行,波峰较尖,波谷较平滑。通常由一个较强方向的水流改造沉积物而成,主要分布在三角洲的后方和前方,但它们的缓坡方向不同[图 3-1(A)]。

(2)对称波痕:波痕的波峰两侧坡度相等,坡向相反。通常由两个方向相反、强度相近的水流形成(如潮汐作用),主要分布在河口三角洲的中部[图 3-1(A)]。

(3)平顶波痕:波峰形态呈较连续的窄平面,好像整齐地被切平过,波谷为较开宽的圆滑谷。其成因与平行波脊线方向的水流有关,是先成的波痕被平行于波脊线方向的水流冲刷改造而成。这反映了一种水流方向明显发生改变的沉积环境,通常出现在地形起伏较明显、水流方向易变的潮间带地区[图 3-1(B)]。

(4)脊状波痕:波痕的波谷开阔平坦,波峰狭窄尖锐,往往分布在地形较为平缓的地带[图 3-1(C)]。

(5)干涉波痕:先成波痕被后期形成的波痕叠加改造,呈网格状、棋盘状等干涉外形,与波浪运动方向明显改变有关,往往形成于近岸地带[图 3-1(D)]。

此外,不规则波痕和双脊波痕也发育于新河河口三角洲表面。不规则波痕的波峰线呈不规则弯曲状,其成因与局部漩涡流水有关。双脊波痕的波峰呈现主、次两个波峰,成因比较复杂。

整体上,靠近陆地一侧不对称波痕和干涉波痕发育,波脊线不连续;往海洋方向对称波痕增多,波长变大,干涉波痕少且波脊线较连续。由于新河河口三角洲上分布大量的沙脊,导致局部地形起伏较大,减弱了三角洲上波痕特征的整体分布规律,但不同类型的波痕在单个沙脊两侧的分布具有明显的规律:地势低洼和平坦处以脊状波痕为主,往上依次过渡为平顶波痕和不对称波痕,其中不对称波痕中往往叠加干涉波痕。

沉积物表面具大量生物活动痕迹。最显著的是螃蟹活动留下的造穴沙团(大小不等,形态不规则,以椭球形为主)和滤食沙球(直径小于造穴沙团,大小均一,形态规则,以球形为主)。同时,可见生物活动形成的大量潜穴、粪便和滩栖螺在表面爬行留下大量线状爬迹(图 3-2)。

上述各种生物的活动痕迹及其新陈代谢产物,构成了各种各样的生物痕迹。当沉积物成岩后,这些生物活动痕迹可变成各种各样的遗迹化石,地质学家利用它们来判断地史时期的沉积环境和古海岸线位置。

(A)不对称波痕(左)及叠加其上的干涉波痕(右)

(B)平顶波痕

(C)脊状波痕

(D)干涉波痕

图3-1 新河河口三角洲北缘沉积物表面的各种波痕构造

图 3-2 新河河口三角洲上常见的生物遗迹

生物潜穴及滩栖螺爬迹(左);螃蟹的造穴沙团、滤食沙球及绿藻(右)

3. 海洋生物类型及特点

沙质海岸波浪能量较小,地形平缓,沙质柔软,海洋生物类型以底内穴居、底表爬行、自由游泳类为主,还存在漂浮类生物及水鸟。该观察点常见海洋生物类型包括螃蟹、滩栖螺、托氏虫昌螺、蛤蜊、沙蚕,水沟中可见游泳的鱼类、小虾、海蜇以及漂浮的绿藻(图 3-3)。

图 3-3 新河河口三角洲北缘常见生物类型

(A)沙蚕(海蚯蚓);(B)沙蚕的栖管;(C)花蛤;(D)毛蚶;(E)脉红螺;(F)脉红螺的卵包;(G)托氏虫昌螺;(H)沙海星;(I)扁玉螺(猫眼);(J)扁玉螺的领状卵袋;(K)滩栖螺;(L)捣米蟹及其造穴沙团;(M)海蚯蚓的蚓粪(左下角)及卵袋(右上角囊状物);(N)刺松藻;(O)海膜;(P)浒苔(照片均为杨晓菁拍摄,从北戴河潮间带常见海洋生物数据库中下载 http://bio.cug.edu.cn/bdhdb.html)

该点往南至新河河口大桥,沿途可见三角洲靠近陆地边缘发育成滨海湿地,生长着大量芦苇、红色杂草,也有涨潮时带来的大量藻类堆积,沉积物呈灰黑色。至新河河口大桥,可见三角洲地形平坦,微微向海倾斜,新河河道分叉,蜿蜒入海,大桥下可见河流带来的碎石和泥沙堆积。三角洲地形一般分为三角洲平原、三角洲前缘和前三角洲,此处可见前面两个地形单元:靠近河口处长满杂草的区域为三角洲平原,在地质历史时期是重要的成煤环境;远处主要为沙质堆积的区域为三角洲前缘,是重要的形成油气资源的地层(图 3-4)。

图 3-4　三角洲地形和三角洲平原(滨海湿地)植被特征

(左图,来自百度地图;右图,谢树成摄于 2017 年)

NO.2

点位:鸽子窝公园鹰角亭。

点义:新河河口三角洲及基岩海岸海蚀作用。

内容:

1. 新河河口三角洲地形观察

河口地区是海洋与河流两种地质营力联合作用的地区。当河流带来的泥沙量大于波浪搬运走的泥沙时,河口区就会堆积大量沉积物,逐渐形成鸟足状、朵状的河控三角洲地形,其前端向海洋方向凸出。反之,海洋地质作用较强就会形成浪控和潮控三角洲。浪控三角洲前缘平直,发育大量大致平行海岸线方向的沙坝;潮控三角洲往往发育垂直海岸线方向的潮汐水道。

新河河口三角洲平面上呈喇叭状,地形坡度小,顶端指向河流上游,向外呈三角状展开,河道在其中蜿蜒入海(图 3-4)。涨潮时整个三角洲被海水淹没,退潮时大部分露出水面。

三角洲前端平直,大致与附近的海岸线走向吻合,无明显向海洋方向突出的外形。三角洲前缘区域分布有不规则的沙脊和水坑(图3-5),其长轴延伸方向与波浪前进方向大致垂直,与海岸线平行,仅在新河口大桥下河道中间有少数顺河道分布的砂体。上述特征说明新河河口三角洲是浪控三角洲,河流带来的泥沙量不大,原因可能与新河河口水坝的修筑有关。

图3-5 新河河口三角洲地貌

靠近鸽子窝一侧的三角洲沉积物粒度比三角洲北缘观鸟湿地附近的略粗,但沉积物组成成分一致。沉积物表面可见不对称波痕、双脊波痕、平顶波痕和干涉波痕,尤其是干涉波痕种类繁多。因人类活动强烈,此处海洋生物种类较少,可见海洋生物的潜穴和洞口堆积的粪便,游泳的鱼虾较多,部分靠近陆地的潮池内藻类富集,沉积物富含有机质而呈灰黑色。

2. 基岩海岸海蚀地貌和沉积物特征

基岩海岸被侵蚀的过程实际上是波浪能量逐渐消耗的过程。海岸基岩在拍岸浪的长期作用下,被不断打碎冲刷,逐渐形成海蚀凹槽、海蚀沟等侵蚀地貌。不断扩大的海蚀凹槽使得上覆岩块失去基础,重力失稳而崩塌,形成比较陡直的海蚀崖。由于拍岸浪的持续侵蚀作用,海蚀崖的底部会形成新的海蚀凹槽,随着新的海蚀凹槽不断扩大,又导致上覆岩块进一步崩塌,形成新的海蚀崖。因此,经过上述过程的不断重复,海蚀崖朝着陆地方向节节后退,使其前方逐渐形成一个微微向海洋方向倾斜的平台,即波切台。随着波切台的不断拓宽,前进的波浪在到达海蚀崖之前,能量被逐渐消耗殆尽,直到没有足够的能量继续破坏海蚀崖底部,不再产生新的海蚀凹槽,波浪对基岩海岸的侵蚀作用最终达到了平衡状态。这种平衡状态的到来需要漫长的地质时间,在此过程中可形成各种各样的海蚀地貌,除了海蚀凹槽、波切台,还有容易沿岩石裂隙发育的海蚀沟,残留在波切台上的海蚀柱、海蚀岩垛、海蚀岩礁等。

鸽子窝是拍岸浪侵蚀作用形成的一个海蚀岩垛,与鹰角亭基座共同组成凸向海洋方向的海岬,由以石英和长石为主的伟晶岩脉组成。鸽子窝和鹰角亭基座面向大海一侧形成陡峭的海蚀崖,其发育与区域性节理及岩性差异有关,目前仅大潮时海水可以淹没海蚀崖底部。海蚀崖前方可以见一向海洋延伸的基岩平台,东西向宽度大约200m,上面散落着大小不等的礁石(海蚀岩垛,其中近岸部分的大礁石是最近几年人为搬运过来阻挡波浪的),局部可见锋利的岩脊出露,这个平台即现代波切台。

在海蚀崖上可以见到3组不同高度的海蚀凹槽,分别高于现代海平面大致2~5m、12m和20m,其中鸽子窝顶部与鹰角亭基座构成的平面为古波切台位置,高出海平面20m左右,因不再被海水淹没而成为海蚀阶地[图3-6(A)、(B)]。这些不同高度的海蚀凹槽及海蚀阶地显然都不是现代波浪侵蚀作用的产物,而是古代波浪侵蚀作用的产物。它们与海上音乐厅、老虎石所观察到的两级海蚀阶地以及大石河谷中的三级河流阶地高度基本一致,是北戴河地区地壳运动的记录,都是由于地壳抬升运动(或海平面下降)造成了上述古海蚀地貌、河流阶地脱离现代海平面、河流平面而形成。

图3-6　鹰角亭-鸽子窝地形远观(A)、鸽子窝礁石上的3个不同高度
古海蚀凹槽位置(B)以及现代波切台上的岩脊及砾石沉积(C)

鸽子窝附近海滩上的沉积物以砾石为主,大小混杂(分选差),多数棱角分明(磨圆差),矿物组成基本上由附近的伟晶岩和花岗岩组成[图3-6(C)]。总体上反映了较强波浪动力环境下较快速堆积的地质作用过程。其中直径1m左右的滚石多为人为搬运,直径10cm左右的砾石与海岸基岩成分基本相同;直径小于2cm的砾石成分复杂。

最后,在老师的示范下,要求学生们绘制一幅从鹰角亭—鸽子窝—海滩的海蚀地形剖面图(图 3-7)。反映出不同高度的古波切台、古海蚀凹槽、海蚀岩垛和现代波切台等地貌特征。

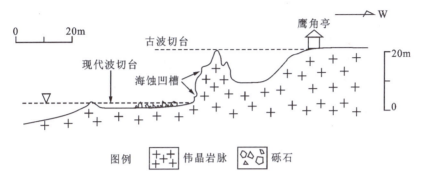

图 3-7 鹰角亭—鸽子窝海蚀地形剖面示意图

NO.3

点位:海上音乐厅南侧礁石。

点义:基岩海岸地质作用及海洋生物。

内容:

1. 基岩岩性特征

实习区海岸的基岩为花岗质岩石(穆克敏,1989)。根据新近地质资料,该套花岗质侵入年代为新太古代,锆石 U-Pb 年龄为 2 500Ma 左右,后期遭受了强烈变形变质改造。主要矿物有石英、长石,其次有黑云母、角闪石等。岩石呈浅灰色、灰白色,中、粗粒花岗结构,块状构造。在老虎石公园的岩石中可见暗色片麻岩、角闪岩等包体。普遍发育后期侵入的浅色伟晶岩脉和石英脉。

观察点所在的海岬部位的基岩主要为长英质的岩脉,大多为伟晶岩脉。岩石呈浅灰白色,主要矿物是石英和斜长石,石英含量约 90%,伟晶结构,块状构造(图 3-8)。伟晶岩脉呈岩墙状产出,较陡直,总体走向近东西。岩石内部发育几组区域性节理,表现出明显的构造破裂面。

图 3-8 岩墙状的基岩外观及其中的伟晶岩

2. 波浪运动特征及海蚀地貌

基岩海岸的波浪常呈拍岸浪形式。从远岸至近岸,波浪形态从对称、波高低、波脊线不明显的波形,逐渐过渡为不对称、波高增大、波长减小、波脊线明显的波形,最终与海岸岩石碰撞形成拍岸浪。拍岸浪使波浪的能量瞬间消耗于撞击岩石上,使岩石遭受强烈破坏,形成各种海蚀地貌。因此,海岬部位波浪的地质作用主要表现出强烈的侵蚀作用,产生各种侵蚀地貌,其形成过程见本节中的前文所述。

海上音乐厅附近可以见到以下海蚀地貌。

(1)海蚀凹槽:主要发育于高潮线附近,常位于海蚀崖的底部。特点是凹槽深度大于高度,深达岩石内部。海蚀凹槽规模不一,常沿岩石的构造破裂面优势发育。海蚀凹槽发育位置不仅位于现代高潮线附近,也出现在离现代海平面不同高度的岩壁上。这暗示着海上音乐厅附近存在明显的海平面相对下降的过程。

(2)海蚀沟:普遍发育于海上音乐厅一带海岸基岩中,纵横交错,常沿不同区域节理方向发育。统计表明,规模大且近于直立的海蚀沟方向为 320°、275°等(图 3-9)。

(3)海蚀柱和海蚀岩礁:海蚀柱和海蚀岩礁常见于基岩海岸中,是波浪侵蚀基岩造成岩石垮塌后残余下来的岩柱,簇立于海面或波切台上(图 3-9)。海蚀柱呈长柱状,海蚀岩礁相对矮小。

图 3-9 海上音乐厅一带基岩海岸上发育的海蚀地貌

(4)海蚀穴:海蚀穴是波浪拍打岩壁后形成的孔洞,常分布于海蚀崖上。海上音乐厅一带海岸发育各种形态、大小不等的海蚀穴。一些海蚀穴的高度远远高出现代海平面,是海平面相对下降后留下的证据。

(5)海蚀崖:海蚀崖普遍发育于海上音乐厅、鹰角亭和金山嘴一带海岸,岩壁高度不同,最高达20余米,呈悬崖峭壁。著名的鹰角亭前端就是一个典型的海蚀崖。金山嘴海岸大多呈陡峭的海蚀崖。

(6)波切台:波切台是波浪侵蚀基岩过程中形成的微微向海洋方向倾斜的海岸平台,达到侵蚀平衡状态需要漫长的地质时间。海上音乐厅一带的波切台尚未发育到平衡状态,表面很不平整,分布有大小不等的海蚀柱、礁石和侵蚀下来的岩块、砾石等,与鸽子窝附近的波切台基本在同一个高度,连成一片。值得注意的是,北戴河基岩海岸存在3个不同高度的古波切台,分别高出现代海平面2～5m(海上音乐厅附近海蚀岩礁的顶部构成,一级古波切台)、12～15m(海上音乐厅海岬处房屋基座,二级古波切台),加上鸽子窝附近高出海平面20m左右由鸽子窝-鹰角亭基座构成的三级古波切台(图3-9),它们是北戴河地区3次海平面相对下降的地质记录。

3. 沉积物特征

海上音乐厅一带的基岩海岸沉积物以粗大砾石为主,拍岸浪造成的大量坍塌岩块基本上就地堆积。波浪折射作用使海岬部位波能集中,水动力较强,堆积下来的沉积物比较粗大,个别砾石直径超过1m。沉积物总体大小混杂(分选差),棱角分明(磨圆差),常形成砾滩。矿物组成总体上保留了海岸基岩的原始岩性(花岗岩、伟晶岩),其中夹杂数量不等的生物贝壳碎片(主要有牡蛎、贻贝、毛蚶、蛤蜊的外壳碎片),局部形成贝壳滩(图3-10)。

图3-10 海上音乐厅附近的贝壳滩

4. 海洋生物特征

海上音乐厅一带的基岩海岸潮间带海洋生物相当丰富,大多固着或附着于基岩表面,分布于潮间带,并有良好的分带性。藻类、鹿角菜、海白菜和海葵等分布于潮间带下部;牡蛎、笠贝、锈凹螺、荔枝螺、紫贻贝等大致位于潮间带中部;海蟑螂、藤壶、短滨螺和黑偏顶蛤等位于潮间带上部。各带之间没有严格的界线,逐渐过渡(图3-11),总体上反映出生物种类随着波浪能量增强,固着能力或抗风浪打击能力增强的趋势。此外,潮池中存在漂浮和固着的藻类、游泳的鱼类、爬行的寄居蟹等生物。

基岩海岸与沙质海滩具有不同的生物类型,前者以抗风浪能力强的固着、附着生物为主,而后者以潜穴生物为主。正是由于不同的生态环境具有特征鲜明的生物类型,我们才能通过"将今论古"的方法,利用地质历史时期的生物化石来推断过去的古环境特征。同时,生物对环境的依赖性也告诉人们,要想保护生物的多样性,必须保护环境的多样性。

图 3-11 海上音乐厅附近基岩海岸生物垂直分带特征

四、教学方法

1. 观鸟湿地:先宏观后微观再宏观

(1)宏观:首先引导学生"左顾右盼",以了解我们在海岸的什么地方;引导学生思考为何此处会出现这么大片的湿地,回顾湿地的基本特征;观察沙坝和水道的分布特征并思考为何如此分布。弄清宏观特征后,再指导学生定点。

(2)微观:接着选择一个人为破坏较弱、现象丰富的点,引导学生从微观观察沉积物的特点。老师先介绍观察内容以及如何观察,然后给学生一定时间分组观察和讨论,最后老师进行提问式的总结。

(3)宏观:点上的任务完成后,再引导学生观察空间上的变化,特别是从岸边往海的方向沉积物、沙坝、波痕等是如何变化的,从沉积物表面往下又是如何变化的。

观鸟湿地看完后,沿途到鸽子窝公园时,引导学生学生一路观察沉积物、植被、水道、气味等的变化,并做好记录,到新河河口的大坝上老师可组织同学对沿途观察的现象进行总结。

学生刚进入鸽子窝公园可能有点兴奋,在进公园门后找空地稍微集中一下,看学生是否到齐。同时,借机带领学生欣赏毛主席诗词《浪淘沙·北戴河》,并对学生提出纪律要求,告诉学生后续的工作以及回基地的办法。

鸽子窝公园有 3 个点(鹰角亭、鸽子窝、海边沉积物)正好可以安排 3 个班,但 3 个班的带班老师需要事先分工一下,谁先看哪个点(注意 3 个点花的时间是不同的)。

2. 鹰角亭:从远到近的鸟瞰

(1)到达鹰角亭后不必先介绍三角洲的基本概念及特征,可先让学生从宏观上放眼望去,问能看到什么,然后再慢慢引导这个三角洲的特点,为什么是这个特点,说明了什么,最后再总结普通地质学课堂里讲的三角洲的几种类型。

(2) 从远处的三角洲再进一步过渡到海浪的观察,海浪也采取从远到近观察,看有些什么变化,特别提醒学生注意那些破浪带的地方,说明水下沙坝(可以明显看出来的)的存在,从而解释或者提问为什么存在这些水下沙坝。

(3) 最后,让学生把视线收回到脚下的鹰角亭,引导学生思考为何此处突然向海方向突出了出来,从而引导学生进行伟晶岩脉的观察,老师简单介绍后,可以让学生分组观察和讨论这里的伟晶岩脉。

3. 鸽子窝:先绕鸽子窝近观再在北边停下远观

(1) 沿着人行栈道,绕鸽子窝走半圈,边走边提醒学生注意变化,特别是侵蚀的特征(有些地方明显,有些地方不明显),以及伟晶岩脉的走向、节理等。

(2) 然后在鸽子窝南边的沙滩上远观鸽子窝,考一考学生这鸽子窝是什么地质现象,然后老师帮学生分析或回顾课堂里谈到的海蚀崖的形成过程,其中必先出现海蚀凹槽,然后引导学生去观察海蚀凹槽,学生可能会发现最下面的那个海蚀凹槽,老师再补充这里其实有3个,以及相伴的波切台,再提问为什么会这样。

(3) 到鸽子窝北边的沙滩上远观鹰角亭-鸽子窝及波切台地貌,请学生画素描图,老师要讲解素描图的5个要素。如果这不是第一次画素描图,老师可以提问学生是哪5个要素,然后亲自示范取景、打方位、估算比例尺、进行画面布局、勾绘轮廓及关键地质现象、补充绘图要素等,直至完成一幅完整的素描图或示意图。

4. 鸽子窝公园的海洋沉积物:进行对比观察和提问分析

(1) 因为有了观鸟湿地的观察,这里一上来老师可以什么也不说,让学生直接分组观察和讨论,给他们两个问题:这里的沉积物与观鸟湿地的比较有什么差异,为什么存在这个差异。

(2) 学生观察完了后,老师进行提问和总结,了解学生的观察能力和分析能力,看是否对上面的两个问题有深入的了解。

3个点观察完了后,再对今天的路线进行总结。

5. 注意事项

(1) 要先看"森林":大部分点可以先宏观再微观或从远到近进行观察,不要细的东西说了很多,到头来学生却对宏观的东西没有掌握,还是一头雾水。例如,有些学生看完了观鸟湿地,走到了新河桥头了,才突然意识到原来观鸟湿地看的是海洋地质作用!

(2) 引导学生自主观察:老师不仅要引导学生多看,而且要告诉他们如何看,如何抓住重点。这条路线有3个点可以让学生全面分组观察和讨论,一是观鸟湿地,二是鹰角亭的伟晶岩脉,三是鸽子窝公园的海洋沉积物,一定要留足够的时间让学生自己看。学生分组看时,老师深入到组里进行及时的引导、纠错尤为重要。例如,在观鸟湿地,让学生观察沉积物并测量波痕,可能学生大部分时间花在测量上而不是观察沉积物上。同时,应避免个别学生占用老师很长时间,导致其他学生不能受益。

(3)要让宝贵的时间产出实效:老师在讲解和总结时,一定要讲究效果。一是注意外围学生是否能听到,是否在听,特别注意调动不主动学生的积极性。二是注意课堂内容与实际现象的结合,不要脱离实际在那里大谈学生没学的深奥的东西,也不要不结合课堂内容在那里随意发挥。三是加强逻辑性,讲解不要跳跃。例如,在一个点讲解时,出现一会儿三角洲,一会儿伟晶岩脉,一会儿又波浪等来回倒腾。四是老师要选好总结所要站的位置点,避免讲解时为了看一个现象又要进行整体挪动。五是一定要求学生把观察内容记录在野簿上。六是一天路线完成后,花 10min 进行一个简单的总结。

(4)建议的时间安排(大约 4h):观鸟湿地建议不超过 1h(学生分组观察和讨论不少于30min)。从观鸟湿地到鸽子窝公园并到达第二个观察点大约需要 40~50min(加上新河河口的停留总结时间和买门票的时间),建议 1 位老师在新河桥头进行沿途观察总结,另 1 位老师提前去买门票。鹰角亭大约 30min(学生分组观察和讨论 15min),鸽子窝大约 1h(画图30min),海洋沉积物大约 30min(学生分组观察和讨论不少于 25min)。最后总结 10min。

五、野外后的总结与思考

(1)你是否通过这条路线的实习掌握了野外前的知识储备版块里的所有 2 项内容?

(2)从新河河口可以看出,三角洲体系非常复杂。这里的三角洲平原上的沉积物为什么这么黑,这些黑色的沉积物能否真正形成油气?你是否理解为什么三角洲能形成油气资源,油气在三角洲的什么部位产生,又在什么部位储存?

(3)这里看到的是现在正在进行的海洋地质作用,那么有没有古代的海洋地质作用在这里保存下来,为什么能保存下来,是因为这里的伟晶岩太坚硬了吗?

第二节 老虎石基岩海岸路线

一、基本任务

路线:基地—老虎石—基地。

任务:

(1)观察、描述基岩海岸波浪运动特征、潮间带生物分带现象、现代海蚀地貌及沉积物特征。

(2)观察、描述基岩海岸的古海蚀地貌,并分析其成因。

(3)观察、描述连岛沙坝特征,分析其成因并绘制地形示意图。

二、出野外前的知识储备

本条野外路线的教学主要为外动力地质作用,具体是海洋地质作用。

海洋地质作用:首先,了解波浪从海向陆的传播过程,波浪的折射作用及其产物;其次,了解滨海的地质作用,包括滨海侵蚀作用与沉积作用的特点;最后,了解基岩海岸侵蚀作用的具体过程以及相应的海蚀地貌。

三、野外具体观察和描述内容

NO.1

点位:老虎石公园往东1km沿海公路旁。

点义:古海蚀地貌观察。

内容:

1. 古海蚀地貌类型、规模和分布特征

老虎石公园东侧海岸出露大量古海蚀地貌,主要有古海蚀穴、古海蚀沟、古海蚀凹槽和海蚀阶地,其规模和分布特征描述如下。

(1)古海蚀凹槽:分布于海岸公路北侧的花岗质基岩山坡。开口面朝向大海,最大的一个海蚀凹槽高约1m,深约1.5m,上顶面朝内凹陷,底面向外倾斜。其形态与现代海蚀凹槽十分相似,均是海浪侵蚀基岩形成的。古海蚀凹槽发育高度距现代海平面3~5m,是海平面曾经达到这个高度的古地貌记录(图3-12)。

图3-12 老虎石东侧山坡古海蚀凹槽(左)和老虎石公园现代海蚀凹槽(右)

(2)古海蚀穴:分布于海岸公路北侧山坡花岗质基岩上,呈蜂窝状产出。海蚀穴总体面朝大海,圆形至椭圆形,大小不一,直径为0.1~100cm不等[图3-13(A)]。这些海蚀穴的发育高度距现代海平面8~12m,是海平面曾经达到这个高度附近的古地貌记录。

(3)古海蚀沟。分布于海岸公路北侧的花岗质基岩山坡上,成排出现,延伸方向大致指向现今海洋。海蚀沟的规模不一,从宽度10m左右到大多在0.2m左右均有分布[图3-13(B)]。这些海蚀沟发育高度距现代海平面5~12m,是海平面曾经达到此高度的古地貌记录。

(4)海蚀阶地。海蚀阶地是早期海蚀地貌受构造运动影响而被抬升到一定高度后形成的相对平坦的平面。多次构造运动可形成多级海蚀阶地,最先形成的海蚀阶地位于最高位置。老虎石东侧花岗质基岩山坡上分布有两个不同高度的海蚀阶地:一级海蚀阶地距现代海平面3~5m,从古海蚀凹槽底面向海洋方向延伸,与近岸大礁石的顶部构成一个微微向海洋方向的平台,宽度15~20m,目前大多已被改造成沿海公路路面;二级海蚀阶地高出海平面10~12m,其前端发育海蚀崖、海蚀凹槽、海蚀沟和蜂窝状产出的海蚀穴[图3-13]。上述古海蚀地貌说明北戴河地区某个时期(尚无准确定年数据)海平面较高,后来发生了多次地壳相对上升运动,导致海平面相对下降到现在位置。

图3-13 老虎石东侧古海蚀地貌
(A)古海蚀穴;(B)沿节理发育的古海蚀沟;(C)古海蚀崖及两级海蚀阶地(白色虚线)

老虎石东侧沿岸花岗质基岩上发育典型的海蚀柱和海蚀沟。其中海蚀沟发育方向与区域节理方向一致,呈网格状分布(图3-14)。

图3-14 滨海公路旁边发育的网格状海蚀沟(左)和规模较大的垂直海岸线方向的现代海蚀沟(右)

2. 古海蚀地貌的构造意义

老虎石东侧花岗质基岩中发育的一系列古海蚀地貌是北戴河海滨地区海平面变动的重要标志。

高出现代海平面约5m的古海蚀凹槽和海蚀阶地是北戴河地区的一个重要构造面,它与沿岸公路路面高度、老虎石礁顶高度、海上音乐厅一带礁石高度和鸽子窝一级海蚀凹槽高度相当,是整个北戴河地区最近一次地壳相对抬升的重要地质记录。

高出现代海平面10~12m的古海蚀沟和相当高度的海蚀穴是研究区另一个重要的地壳相对上升运动的地质记录,它与海上音乐厅一带海蚀阶地高度和鸽子窝二级海蚀凹槽高度相当。

高出现代海平面约20m的古海蚀穴可能是北戴河海滨区较高位置的地壳上升运动记录。它与鸽子窝三级海蚀凹槽和鹰角亭基底高度相当,是研究区现代和新构造运动的三级标志。

上述不同高度的古海蚀地貌及其所反映的3次现代和新构造运动意义,与实习区北部上庄坨、燕塞湖附近大石河河谷发育的3个不同高度河流阶地所反映的构造意义相吻合,基本代表了整个实习区现代和新构造运动的期次。

NO.2

点位:老虎石礁石。
点义:基岩海岸波浪运动、海蚀地貌、沉积物特征及海洋生物。
内容:

1. 老虎石

老虎石是由一堆残余海蚀岩礁组成的小岛,传说中是当年秦始皇梦游到此,见一只老虎横卧于此而得名"老虎石",从卫星图片上看,这些礁石确实很像一只匍匐海边的猛虎(图3-15)。

图3-15　北戴河老虎石及连岛沙坝卫星图片(来自百度地图)和远观图

实际上从地质角度分析,老虎石是由一些沿区域节理方向发育的海蚀沟,将花岗质基岩切割成一些残余海蚀柱和岩礁所组成的东西向礁石群,虎头置西,虎胸和虎臀置中,虎尾置东。涨潮时整个老虎石与大陆隔离,成为小岛;退潮时老虎石与大陆之间由一个沙坝连接,这一连接老虎石的沙坝被称为"连岛沙坝"(图3-15)。

在风浪较大的时候,老虎石沿岸的波浪具明显拍岸浪性质。从远岸至近岸波形没有逐渐变化的特点,但在距老虎石约1m时,波高急剧增高,波峰明显前倾,强烈拍打在基岩上,浪花四溅,颇为壮观(图3-16)。

老虎石基岩上生长着多种海洋生物,自高潮线往下分别有藤壶、短滨螺、黑偏顶蛤、笠贝、牡蛎、荔枝螺、海白菜和红藻等,它们与海上音乐厅一带基岩海岸的海洋生物类似。老虎石背后的连岛沙坝上有虫昌螺、滩栖螺、巢沙蚕和竹蛏等,它们与山东堡一带的沙质海岸海洋生物类似,但由于人类活动强烈,海洋生物类型较少(图3-16)。

图3-16　老虎石礁石上的拍岸浪(左)与生物垂直分带现象(右)

2. 老虎石基岩岩性及海蚀地貌

老虎石基岩成分与海上音乐厅、鸽子窝一带海岸基岩基本相同,是一套由石英、长石及少量黑云母、角闪石等暗色矿物组成的新太古代中粗粒花岗岩,伟晶岩脉频繁插入其中,含有大量形态不规则的混合岩化(浅色的长英质脉提和暗色矿物分离,具强烈的塑性变形)包体及椭圆形闪长岩包体。海蚀地貌的发育常常与岩石中成分不均一界面和断裂构造有关。主要海蚀地貌有海蚀沟、海蚀柱、海蚀凹槽、海蚀穴和海蚀坑等。

海蚀沟是老虎石上发育的主要海蚀地貌,上宽下窄,规模不一,连续平直,其发育方向与区域性节理方向有关,主要有350°、340°、310°、280°和252°等。其中,340°方向发育的海蚀沟规模最大,将老虎石花岗质基岩横向切断,分别演变成虎头、虎胸、虎臀和虎尾等部分。纵横交错的海蚀沟也将老虎石基岩切割成了一些相距很近的海蚀柱,大多被强烈侵蚀、坍塌,成为残余海礁。奇形怪状的海蚀地貌经常是人们参观游玩的对象,常被美誉成新名称,如"犀牛望月"等(图3-14、图3-17)。

海蚀凹槽主要发育于海平面附近,垂直波浪运动方向呈线状分布,分布于最高潮水面与最低潮水面之间。海蚀凹槽开口朝海,外宽内窄,高度不超过1m,深凹基岩内部可达几米,槽底缓缓倾向海洋(图3-14、图3-17)。

海蚀穴和海蚀坑的规模相对较小,前者主要发育在基岩陡壁上,是波浪拍打在岩壁上侵蚀基岩所致,后者主要发育在岩基平面上,是波浪跌落在岩面上撞击基岩所致,海蚀坑的直径小于几十厘米(图3-17)。

图3-17 老虎石上的现代海蚀凹槽、海蚀沟(犀牛望月)、海蚀穴

此外,老虎石礁顶高度与沿岸散布的礁石顶部构成了一个大致向海洋倾斜的平面,最高潮海水也淹没不了这一平面,说明老虎石一带的海岸存在地壳上升(或海平面下降)运动。上述平面是一个古波切台面,其高度相当于沿岸公路路基和老虎石东侧花岗质基岩山坡上发育的古海蚀凹槽底部高度,代表了北戴河一带最近一期的地壳运动记录。

3. 连岛沙坝成因及物质组成

连岛沙坝的形成与老虎石有关。老虎石一带的海岸走向总体呈东西向,由南向北前进的波痕受到了老虎石的阻挡,大量波浪能量消耗在老虎石上,在其背后形成波能相对较弱的波影区,沉积了一些沙质沉积物,构成长条状坝状地形(图3-14)。老虎石东、西两侧的波浪衍射,使得这些沙质沉积物中部宽度变窄,沙坝外形呈中间窄、两头宽的颈状外形,南北向总长度约100m,宽度不等,最低潮时出露宽度约十余米,涨潮时被海水全部淹没。

沙坝东侧水动力更强,高潮线附近沉积物粒度较粗,而西侧水动力相对较弱,高潮线附近沉积物粒度较细,且通常有较多藻类堆积。

最后,在老师的指导下绘制老虎石及连岛沙坝的平面示意图(图3-18)。

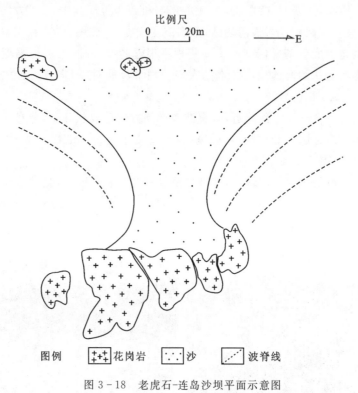

图3-18 老虎石-连岛沙坝平面示意图

四、教学方法

1. 以波浪的能量变化为核心进行教学

基岩海岸可以很清楚地看到从远到近波浪传播的变化,特别是波浪的折射作用,这是基岩海岸侵蚀作用和沉积作用的关键。因此,从观察波浪运动开始,介绍波浪的折射作用、破浪、拍岸浪等。

侵蚀作用和沉积作用与波浪能量变化有关系,因此随后介绍老虎石的侵蚀作用,以及波影区的沉积作用。

构造运动直接影响基岩海岸侵蚀作用的强度和过程。老虎石花岗岩的两组节理决定了侵蚀的方向和强度。构造抬升运动则决定了在不同海拔高度存在海蚀凹槽和波切台等侵蚀地貌。

2. 对比分析教学

(1)注意对比老虎石的东、西波影区具有不同的沉积作用,可以让学生分别从两侧高潮线附近采取表层沙粒对比。

(2)注意对比老虎石基岩海岸与其他地区沙质海岸在侵蚀作用、沉积作用和生物等方面的差别。

(3)注意对比连岛沙坝、水下沙坝、沿岸堤等沉积地貌。

3. 注意事项

(1)这条路线上旅游的人很多,注意学生的财、物和人身安全。

(2)可以采用先老虎石公园外观察后进入公园观察,然后就地解散,但需规定返回基地时间。

(3)老虎石上防止发生学生因戏水、照相而落水等安全事故。严禁下海游泳。

(4)可以给学生介绍一下海鲜市场(石塘路)和回实习站的交通路线。

五、野外后的总结与思考

(1)你是否通过这条路线的实习掌握了出野外前的知识储备版块里的所有内容?

(2)同样都是花岗岩的基岩海岸,老虎石和海上音乐厅的沉积作用却有很大的差异。海上音乐厅出现了贝壳滩而基本没有沙质沉积,而老虎石则有更多的沙质沉积,却没有贝壳滩,为什么?

(3)老虎石所在这个地区为什么能成为一个旅游胜地?你能从海洋侵蚀作用与沉积作用进行分析吗?又如何从外动力与内动力之间的相互作用进行分析?

第三节　燕山大学北近代风化壳—山东堡沙质海滩路线

一、基本任务

路线:基地—燕山大学北面外环公路旁—山东堡海滩—基地。

任务:

(1)观察并描述近代风化壳剖面垂向结构、各层的主要特征并绘制风化壳剖面示意图,分析该风化壳的气候环境意义。

(2)观察岩脉的穿插关系及差异风化现象。

(3)了解渤海湾基本情况及海水的理化性质。

(4)观察并描述沙滩的波浪、潮汐运动特征,沉积物、沉积地形和海洋生物;分析海滩环境变迁与人类活动改造关系。

二、出野外前的知识储备

这两条路线包含风化作用、风化壳和沙质海滩地质作用两个方面的内容。需要复习风化作用的类型、影响因素以及风化作用的产物——风化壳的组成及结构。尤其需要注意差异风化、风化壳的垂直分层（与风化作用强度随深度变化有关）和水平分带（气候因素影响了风化作用的类型和产物）。

沙质海滩的地质作用需要先复习沙质海滩波浪、潮汐运动特征，区分深水波和浅水波的运动特征，波浪对沙质海滩的改造过程及其地形产物。

三、野外具体观察和描述内容

NO.1

点位：燕山大学北面西环南路与山东堡路路口往北约500m铁路边。
点义：观察近代风化壳。
内容：

1. 风化壳的概念及垂向结构

风化壳是物理、化学和生物风化作用的综合产物，其分布、厚度和性质受基岩成分、结构、构造、裂隙、气候、植被、水文和地形等因素的影响。由于风化作用的强度由地表向下逐渐减弱，风化壳的结构具有垂直分带性。同时，由于影响风化作用的气候特征（以及受此影响的植被、水文、温度等外部因素）具明显的水平风带（即大致沿纬线分布），导致不同气候区具有不同的风化壳类型，即风化壳具有水平分带现象。

在垂直方向上，发育和保存完好的风化壳通常自上而下可分为土壤层、残积层和半风化层。

土壤层：土壤层主要由黏土矿物和腐殖质构成，是残积物经生物风化作用强烈改造的产物，通常含大量的植物根系，呈灰色—灰黑色，厚度20~200cm，形成时间200~500年，而风化壳的形成时间通常长达数百万年，甚至数千年、数万年。土壤是生物风化、物理和化学风化都比较强烈的部位，其类型和厚度与气候条件关系密切。

残积层：主要由基岩经过充分的物理风化和化学风化作用形成，主要含有黏土矿物和其他风化产物，但因为生物风华较弱，不含腐殖质，无层理。残积层的风化比较彻底，能反映基岩风化时的气候条件。

半风化层：其岩石仅发生微弱的风化，以物理风化为主，岩石较致密，清楚地保留有原岩的结构和构造。半风化层往下逐渐过渡到基岩。

需要指出的是，保存完整的风化壳剖面是少见的，土壤层和残积层很容易遭到侵蚀和破坏，即使在保存完整的风化壳剖面上，土壤层、残积层和半风化层之间的界线通常是逐渐过渡的。

在水平方向上,赤道及亚热带地区风化壳厚度更大,铁、铝富集程度更高,而往高纬度地区风化壳逐渐变薄,钙的富集程度增加(图3-19)。气候和植被以及基岩类型是控制划分风化壳类型的主要因素。

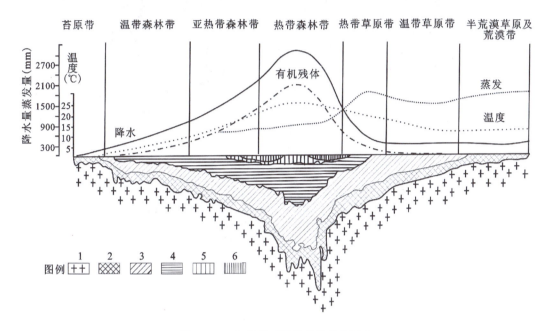

图 3-19 气候带对风化壳发育的影响

1.基岩;2.碎屑带(很少化学变化);3.伊利石-蒙脱石带;4.高岭石带;5.赭石、氧化铝;6.铁盘、氧化铝和氧化铁

2. 燕山大学北风化壳垂向结构特征及气候意义

燕山大学北风化壳的基岩为新太古代花岗岩。在区域上,该花岗岩呈浅灰色—杂灰色,中粗粒结构,块状构造,局部片麻状构造;主要矿物为钾长石、斜长石、石英和云母。花岗岩含大小不一、形态各异的角闪-黑云片麻岩和斜长-角闪岩包体,并被大量的伟晶岩脉穿插。该风化壳自上而下可分为土壤层、残积层和半风化层(图3-20),此处基岩未出露。

土壤层:位于风化壳的顶部,红褐色,自上而下颜色变浅,厚0~40cm;主要成分为黏土矿物、有机质、褐铁矿和少量的石英以及植物根系和尚未彻底腐烂的植物茎、叶。其土壤类型为褐壤(或棕壤),具有温带海洋气候的土壤特征。

残积层:位于土壤层之下,灰褐色,厚50~150cm;主要成分为黏土矿物、褐铁矿和残留的石英。该层疏松易碎,属于硅铝-黏土型风化壳,形成于温带潮湿气候环境。北戴河地区目前为温带半干旱气候,表明风化壳形成后北戴河地区的气候逐渐变得干旱。

半风化层:位于风化壳剖面的下部,可见厚度大于100cm。在半风化层中花岗岩的结构、构造仍然清晰可见,但长石已不同程度地水解成高岭土,多数黑云母已变成蛭石,岩石疏松易碎。燕山大学北山坡风化壳剖面上半风化层未见底。

在燕山大学北山坡风化壳剖面上,各层间的界线渐变过渡,厚度不稳定。

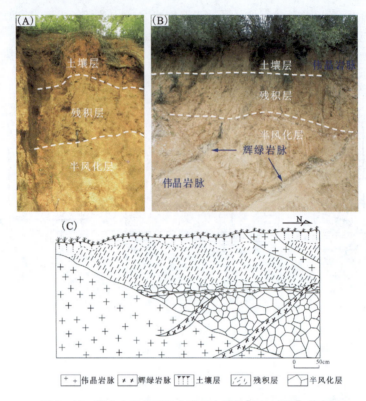

图 3-20 燕山大学北面风化壳垂向结构[(A)、(B)],其中的差异风化现象(B)及风化壳剖面示意图(C)

3. 岩脉穿插及差异风化

在该剖面上,可见两条花岗伟晶岩脉穿插和两条严重风化的辉绿岩脉(图 3-20)穿插于花岗岩风化壳中。花岗伟晶岩脉宽度 2m,具伟晶结构,以石英和长石为主,局部可见两种矿物交织生长形成的文象结构,块状构造,矿物未遭受明显的风化。辉绿岩脉宽 5～10cm,切割了花岗伟晶岩脉,因风化严重而呈灰黄色泥土状,深深凹陷。根据岩石间的切割(穿插)关系,可以判断三者形成的先后顺序依次为花岗岩、花岗伟晶岩和辉绿岩。

在同一风化壳剖面上,花岗岩、花岗伟晶岩脉及辉绿岩脉表现出如此大的差异风化,一方面可能与岩浆岩形成的先后顺序有关,比如花岗岩年代老于花岗伟晶岩脉,更主要是与不同侵入体的岩性有关:花岗伟晶岩脉中暗色矿物稀少,石英长石晶体巨大,且呈文象结构(图 3-21),因此抗风化能力最强,辉绿岩脉暗色矿物含量高,粒度细,风化最为严重。

图 3-21 伟晶岩脉中的文象结构

NO.2

点位：山东堡沙质海滩

点义：感受海水的理化性质，观察沙质海滩地质作用过程及产物

内容：

1. 渤海简介

渤海是一个典型的内海或陆表海，辽东半岛和山东半岛犹如伸出的双臂将其合抱，东以渤海海峡与黄海相通。放眼眺望，渤海形如一北东-南西向微倾的葫芦，侧卧于华北大地，其底部两侧即为莱州湾和渤海湾，顶部为辽东湾。

渤海海域面积约 80 000km^2，平均水深 18m，最大水深 85m，20m 以下的海域面积占一半以上。渤海海水盐度 22‰（正常海水的盐度为 35‰），由于黄海暖流流经本区，使秦皇岛成为我国北方著名的不冻港。渤海中心海区的海水透明度为 5m 左右，近岸海区由于泥沙含量较高，海水的透明度不足 1m。

北戴河地区波浪运动以风浪为主，随季风的交替具有明显的季节性，10月至翌年4月盛行偏北浪，6～9月盛行偏南浪。潮汐为全日潮（一天 24h 发生一次涨潮和一次落潮），潮差 1m 左右，为小潮差（<2m 为小潮差，2～4m 为中潮差，>4m 为大潮差）。北戴河海区发育3种海岸类型：基岩海岸（如小东山和金山嘴）、沙质海岸（如山东堡）和泥砂质海岸（如新河河口）。

2. 沙质海滩波浪运动特点

波浪是由于风吹海面引起水质点的周期性运动。波浪的特征取决于风的特征（大小、方向、稳定性以及持续性）和水深。描述波浪的基本要素包括波峰、波谷、波长、波高、浪基面。根据波浪中水质点的运动轨迹，可将波浪分为深水波和浅水波。

深水波是指在水深大于 1/2 波长水域中发育的波浪，水质点在原地附近作圆周运动，波形对称。在深水波水域，水面漂浮的物体只是上下颠簸，无大于波高的水平位移，故扔到深水波区的木头块不会漂移到岸边。由于水质点的能量在 1/2 波长水深处已基本消耗殆尽，因此将 1/2 波长水深点的连线称之为浪基面。浪基面以下的水域不受波浪的影响（图 3-22）。

浅水波是指在水深小于 1/2 波长水域中发育的波浪，水质点的运动轨迹为椭圆，波形不对称。在水深小于 1/2 波长水域，水质点的运动轨迹在到达海底时会与海底产生摩擦，由于水质点与海底之间产生的摩擦力大于水质点之间和水质点与空气之间产生的摩擦力，这将导致水质点运动轨迹在运动速度分布上的不对称，即水面处水质点运动快，水底处水质点运动慢。在水深变浅方向或波浪的传播方向上，水质点的运动轨迹将由圆变为低扁率椭圆和高扁率椭圆，波形由对称变为不对称和高度不对称，直至波峰在重力作用下坍塌（破浪带），形成向岸的进流、离岸的退流和沿岸流。浅水波在传播的过程中，波脊线也将逐渐变得不连续。在浅水波水域，水面漂浮的物体既有上下颠簸，也有平行于波浪传播方向的水平位移，故扔到浅水波区的木头块会漂移到岸边（图 3-22）。

图 3-22 深水波与浅水波波形特征、水质点运动轨迹模型(左)以及山东堡沙质海滩波浪运动特征(右)

3. 沉积物及沉积地形

物质组成:山东堡沙质海岸的沉积物为中—粗粒石英沙组成,主要矿物为石英、长石,其次为白云母、磁铁矿和生物碎屑,分选、磨圆好。花岗岩为其源岩。

层面构造:沉积物表面发育大量波痕构造,包括对称波痕、不对称波痕及各种干涉波痕(图3-23)。在高潮线附近可见气泡沙,它们是由于海水快速淹没疏松、干燥的沙粒,沙粒空隙中的空气来不及溢出,当海水撤退后由于压力降低迅速溢出而形成的一个个不规则的孔洞。此外还可以看到少量生物活动留下的潜穴。

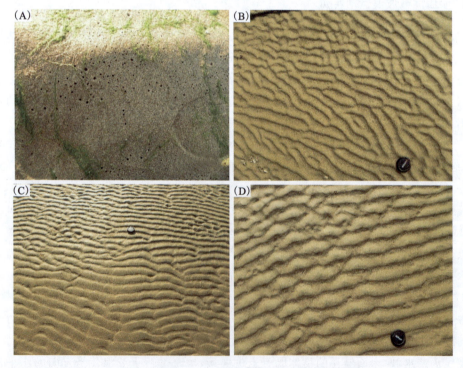

图 3-23 山东堡海滩高潮线附近的气泡沙及波痕构造
(A)气泡沙;(B)分叉波痕;(C)不对称波痕;(D)干涉波痕

层理构造：沙质海滩一般容易形成低角度的冲洗交错层理，斜层理的前积层倾向大海或者陆地，需要大致垂直于海岸线方向挖开一个剖面才能观察到。实习中我们一般用铁锹局部挖开一个小洞，可以看到由不同颜色（黄色和有机质含量很高的黑色）的沉积物形成的层理构造。

沉积地形：在潮汐和波浪的共同作用下，沙粒在滨海地区做大致垂直海岸线方向的往返运动。在一个时期内存在一个"中立点"，该点处沙粒总量保持不变，即向岸方向搬运和向海方向搬运的沙粒总数基本相等。在中立点以上，沙粒向岸方向的搬运量大于向海方向的，并在高潮线附近沉积下来，形成平行于海岸线方向分布的沙坝，即为沿岸堤，沿岸堤上经常堆积大量生物碎屑；而在中立点以下，沙粒向海洋方向的搬运量大于向岸方向的，并在低潮线附近堆积形成水下沙坝，水下沙坝平常位于水面以下，但最低潮位时可部分露出水面。在波浪和潮汐的共同作用下，沙质海滩地形变成一个整体向海洋方向倾斜、微微下凹的曲面（图3-24）。

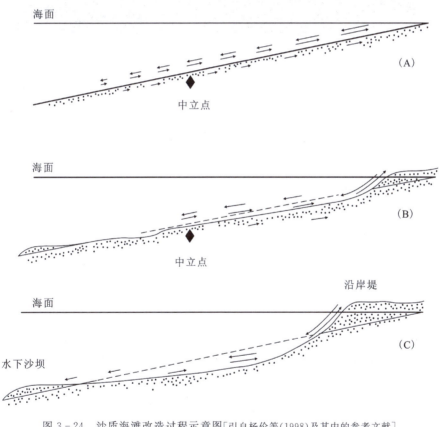

图3-24 沙质海滩改造过程示意图［引自杨伦等(1998)及其中的参考文献］
(A)原始状态；(B)受到改造；(C)平衡剖面

山东堡海滩在靠近陆地一侧可见有较多生物碎屑堆积的沿岸堤，沉积物粒度整体较粗，向海洋一侧坡度较陡，并逐渐变缓。低潮位时，可见水下沙坝部分露出水面，水下沙坝和沿岸堤之间往往形成一个水槽（图3-25）。

图 3-25　山东堡海滩(低潮时)沿岸堤与水下沙坝

四、教学方法

(1)注意从整体到局部,在风化壳剖面观察点首先让学生宏观观察整个风化壳剖面,然后看风化壳的垂向结构,总结这个风化壳的特点。在这个过程中引导学生回顾风化壳的特点,以及这种类型的风化壳形成的环境。然后观察伟晶岩、辉绿岩及花岗岩之间的穿插关系和差异风化现象。

(2)注意动手能力培养,可以安排分组测量、描述风化壳的垂向结构。

(3)体验式教学。让学生下水感受一下海水的温度,品尝一下海水的味道。向不同深度水域投掷木片或矿泉水瓶子,观察深水区和浅水区波浪运动特征。在浅水区走一走,感受水底波痕的起伏(有时能看得见),站在水中用脚感受沙粒在波浪作用下的往返运动,或者选择一个贝壳碎片,观察它在波浪作用下的运动轨迹,从而计算它向岸、向海方向的运动速率。用铁锹在波浪能够到达的地方筑一个平行海洋方向的坝,模拟基岩海岸的海蚀崖如何在波浪的作用下逐渐后退,并形成海蚀凹槽、波切台的过程。

(4)山东堡海滩的教学可以和风化壳剖面的分开,尽量选择实习期间的低潮位带学生赶海,此时更容易观察海岸带地形及沉积物表面的各种构造现象。

五、野外后的总结与思考

(1)你是否了解了风化壳的垂向结构,了解风化壳的形成过程?

(2)风化壳出现代表什么?为何我们在这个点看到的风化壳这么厚,而在石门寨、鸡冠山上看到的古风化壳却是薄薄的一层?

(3)沙质海滩的波浪运动、沉积物及海洋生物特征和基岩海岸有什么差别?

第四节 鸡冠山构造运动形成的不整合界面与断裂构造以及元古宙地层

一、基本任务

路线:基地—鸡冠山—基地。

任务:

(1)观察新元古界龙山组砂岩与新太古代花岗岩之间的不整合接触关系并分析其构造意义。

(2)观察新元古界龙山组砂岩的沉积构造并分析其沉积环境。

(3)观察断层及断层组合的地貌效应。

二、出野外前的知识储备

本条路线既有内动力地质作用现象,又有外动力地质作用现象,具体包括构造运动和海洋沉积作用两方面。

(1)构造运动:构造运动是一种很重要的内动力地质作用。首先,需要了解构造的主要类型及其组合(地堑与地垒);其次,要了解如何在野外判断正、逆断层;最后,要了解构造运动引起的海陆变迁及其古风化壳,包括如何识别古风化壳。

(2)海洋沉积作用:首先,了解海洋沉积作用在滨海、浅海与深海的特点,弄清楚在野外如何利用沉积岩判断滨海与浅海沉积环境;其次,了解海洋沉积作用形成的波痕类型、交错层理类型,了解海洋沉积形成的砂岩与河流形成的砂岩的区别;再次,了解沉积岩与沉积岩、沉积岩与岩浆岩之间的接触关系;最后,要了解地层及其单位。

三、野外具体观察和描述内容

NO.1

点位:秦皇岛抚宁县鸡冠山。

点义:观察不整合接触关系、地层岩性及沉积构造、断层及其组合特征。

内容:

1. 鸡冠山山体岩性特征

鸡冠山位于实习区北部柳江盆地的南端,山体主要岩性为新太古代花岗岩,沿着盘山公路边的冲沟可见大量新鲜露头。岩石整体呈现肉红色,主要矿物为钾长石、石英和斜长石,其次有黑云母和角闪石等,中粗粒花岗结构,块状构造,是实习区最古老的岩体。花岗岩是一种酸性深成侵入岩。

鸡冠山顶部分布一套新元古代地层,地势陡峭,地层层理明显,产状平缓,远似一个"鸡冠"矗立在山顶之上(图3-26)。该套地层为新元古界龙山组砂岩,主要岩性有灰白色中厚层含海绿石石英砂岩、灰白色中厚层长石石英砂岩,夹薄层深灰色泥质粉砂岩和泥岩。该组地层在山顶东北角、山垭口和西南侧均出露良好,与下伏花岗岩之间呈沉积不整合或非整合接触关系。砂岩是一种它生碎屑沉积岩。

图3-26 鸡冠山远景及山顶陡坎处新元古代地层(谢树成摄于2017年)

2. 新元古界地层与新太古代花岗岩之间的不整合接触关系

接触界面附近可以看到上覆岩层为沉积岩,层理明显,碎屑结构,主要成分为石英碎屑,分选磨圆均好[图3-27(A)、(C)],产状280°∠8°,区域定名为新元古界龙山组砂岩。而接触界面下部为岩浆岩,灰白色,主要成分为石英,可以见到自形但已高岭土化的长石颗粒[图3-27(A)、(D)],区域上为新太古代花岗岩,即前面在海滨区基岩海岸看到的秦皇岛花岗岩。沉积岩与岩浆岩之间可能存在3种接触关系:侵入接触、沉积不整合接触和断层接触。此处龙山组砂岩和花岗岩之间为沉积不整合(非整合)接触关系,判断依据如下。

(1)接触界面附近有古风化剥蚀现象。界面下伏的花岗岩颜色变浅,由肉红色(鸡冠山山坡及山脚下可见)变成了呈灰白色、白色,暗色矿物含量极少,长石也风化为高岭土,岩石松散易碎,说明受到了较强的风化作用[图3-27(D)、(E)]。界线不平整,高低起伏,界面上可见不连续分布的薄层红色褐铁矿和高岭土层,显示古风化壳特征[图3-27(B)]。

(2)上覆新元古界地层的底部存在底砾岩[图3-27(C)]。底砾岩呈浅灰色,厚30~50cm不等,砾石成分为石英和长石,磨圆均好,但分选较差,说明底砾岩的物源为花岗岩的风化产物。

图 3-27 鸡冠山新元古代地层与新太古代花岗岩之间的沉积不整合接触关系
(A)远观新元古界龙山组砂岩与新太古代花岗岩的接触关系；(B)两套岩层之间的古风化壳；(C)龙山组砂岩底部的底砾岩；(D)风化程度相对较弱的新太古代花岗岩，可见灰白色自形的长石晶体；(E)风化程度较高的新太古代花岗岩，以石英颗粒为主

(3) 接触界面之上、下的地(岩)层年代相差悬殊。上覆地层为新元古代(约 800Ma),下伏花岗岩的侵位年龄为新太古代(2 600Ma)。因此,接触面上、下地层的年代不连续,期间缺失约 1 800Ma 的沉积记录。

上述证据说明岩浆岩先形成,它暴露地表接受风化并形成风化壳之后,再在上面沉积了目前的沉积岩。同时,没有发现岩浆岩切割沉积岩层理的现象,说明两者不是侵入接触关系,沉积岩和岩浆岩之间也没有断层存在的标志,如断裂带、断层角砾等。

综合上述证据,鸡冠山出露的新元古界龙山组砂岩与下伏新太古代花岗岩之间的接触关系为沉积不整合。

3. 新元古界龙山组砂岩沉积构造及沉积环境分析

在鸡冠山顶的新元古界龙山组地层主体为灰黄色含海绿石石英砂岩,其中 SiO_2 含量为 91%～95%,Al_2O_3 含量为 2.8%～5.0%,Fe_2O_3 含量为 0.2%～0.4%,质量符合玻璃原料要求,曾是国家大型企业秦皇岛耀华玻璃厂的主要工业原料区。

这套石英砂岩中发育非常典型的交错层理和波痕构造。如图 3-28(A)所示,龙山组砂岩中可见砂岩呈透镜状分布,期间夹杂薄层的泥岩、粉砂岩,厚度变化很大,为典型的潮汐水道沉积特征。

厚层状砂岩内部发育良好交错层理。在岩层横截面上可清晰识别出倾斜的前积层。根据前积层理的锐夹角收敛方向和散开方向,可断定观察点的地层层序正常,没有发生倒转等强烈构造变动。前积层面倾向可以指示水流方向,此处可识别的水流方向包括南-北和北西-南东两组方向;同时前积层的高度 5～20cm,说明水体动能较高。岩层内可见大量羽状交错层理[图 3-28(B)],说明沉积环境存在双向水流。

图 3-28 鸡冠山顶新元古界龙山组砂岩中的透镜状砂体(A)和羽状交错层理(B)

龙山组砂岩顶部发育大量波痕构造[图 3-29(A)]。波痕的波脊线方向约 85°(或 275°),连续性较好。波长 45～60cm,波高 7～15cm,对称性明显。波峰形态总体较圆滑,波谷较平缓,可能与摆动水体及双向水流有关,局部可见波痕干涉现象。波谷处沉积物粒度明显大于波峰处的,与现代海滩观察到的现象一致。波痕的存在说明水深在浪基面之上,但其规模远远大于我们在滨海区冲洗带所见到的波痕,加之海绿石矿物[图 3-29(B)]往往出现在弱还原环境,因此推断其形成环境为滨海下部。

图 3-29 鸡冠山顶新元古界龙山组砂岩中的波痕构造(A)和含海绿石石英砂岩(B) 绿色的矿物即为海绿石

综上所述,根据龙山组砂岩的透镜状砂体、羽状交错层理以及大型波痕构造,推断其形成环境是受波浪和潮汐作用影响明显的滨海环境。

4. 正断层

观察点附近石英砂岩中发育一条断层(图 3-30),断层带上部的为上盘,下部的为下盘。断层带宽 15~40cm,上宽下窄,上陡下缓,中下部产状约 240°∠50°,断层带顶部发育一系列产状陡立的破劈理。断层带内充填断层泥、断层角砾和断层透镜体。

根据断层带内部的构造透镜体的长轴指向(与两盘的锐角夹角指示该盘的运动方向)、粉砂质夹层的牵引构造可判断断层性质为正断层。同时,上盘和下盘均可见 3 层较软的石英细砂岩夹两层厚度不等、硬度较大的石英砂岩,以这一"三软夹两硬"岩性组合作为标志层,可以判断上盘相对下盘向下移动,断层性质为正断层,同时断距为 2m。

图 3-30 鸡冠山顶龙山组石英砂岩中发育的正断层

该观察点断层构造现象清晰,要求学生绘制一幅正断层剖面图,重点标注断层面、两盘运动方向、构造透镜体和牵引构造等。

5. 汤河地堑

地堑构造发育于鸡冠山西侧,汤河流经该地堑的中部,取名为汤河地堑。地堑的主要判断证据是新元古代地层表现出来的陡峭地势,陡崖底部即为新元古界与新太古代花岗岩的沉积不整合面(图 3-31、图 3-32)。根据汤河东岸鸡冠山一侧的两个不同高度的不整合面露头位置和汤河西岸大平台一侧的两个不同高度的不整合露头位置,初步断定沿汤河东、西两侧发育两组正断层,之间构成公共下降盘,从而形成地堑。

图 3-31　从鸡冠山顶(A)和汤河河谷(B)观察到的汤河地堑(谢树成摄于 2017 年)
红色虚线为与鸡冠山顶等高的不整合界面,白色虚线为较低高程的不整合界面

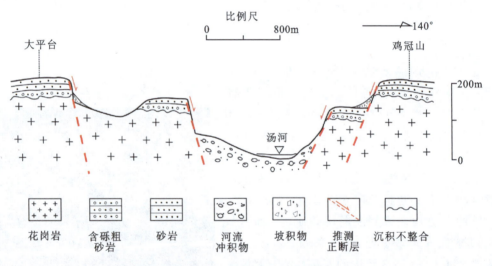

图 3-32　汤河地堑剖面示意图

该教学点的地堑构造内容,以老师讲授为主。由于不能让学生亲近露头观察,有关现象的分析和结论获得,需要进一步证实。建议以讨论方式讲授该部分内容,允许学生发表不同观点,启发学生的空间想像力。

五、教学方法

1. 要始终围绕最基本的宏观-微观地质现象分析

判断构造运动是需要证据的,因此在鸡冠山上分析地质现象是最基本的。不管是大到沉积不整合(区域上的),还是小到汤河地堑(局部的),乃至更小的正断层(一个小露头上的),所有这些均先需要观察构造运动存在的证据。即观察构造运动要从最基本的地质现象分析入手。

鸡冠山所看到的这些证据都基本集中在一个点上。但还有一种情况是,证据是分散在许多不同点上的,这需要集成才能体现出来。例如,海滨路线的3个海蚀凹槽,河流的3个阶地等反映的3次构造运动。这说明了构造运动具有局部反映区域的特点。因此,构造运动往往控制一个地区的地质发展史,是地质的"纲"。地层路线看到的海陆变迁,岩浆岩路线的侵入活动均与一个地区乃至全球的构造运动有关。同时,这也是外动力地质过程可以记录构造运动的原因所在。

构造运动是有方向的(水平与垂直运动),也可以根据基本的地质现象进行判断分析。例如,在正断层处的构造透镜体、小褶皱、标志层等判断上、下盘的运动方向。

构造运动是有时间的,如古构造运动和新构造运动。与沉积不整合、平行不整合形成有关的构造运动可以根据地层大致确定时间。汤河地堑、正断层等(新构造运动)形成的具体时间目前尚不清楚。

2. 对比分析教学

(1)注意野外区分构造运动与岩石的构造(如沉积岩的层理/波痕、喷出岩的气孔构造),前者是一种动力地质作用(过程),后者则是岩石的一种属性。
(2)注意对比分析沉积不整合面上、下的石英砂岩(沉积岩)与花岗岩(岩浆岩)的区别。
(3)注意区分沉积不整合与平行不整合。
(4)注意区分古代风化壳与现代风化壳的差异。

3. 注意事项

(1)这条路线是学生爬得最高的,一览众山小,建议把周围的地形地物和地质简单介绍一下。
(2)这个点平台比较多,实习内容相对不复杂,时间也比较充裕,可以进行罗盘的考试或比赛。
(3)这条路线可以进行将今论古思想的训练,从滨海区看到的波痕、沉积物特征(今)分析龙山组砂岩的沉积环境(古);从燕山大学北侧的近现代风化壳(今)分析古风化壳(古)的意义。
(4)地堑那里注意野外安全,绝对不允许学生站到陡崖上。老师注意组织好学生,避免个别学生私自跑到陡崖边拍照、打闹。

六、野外后的总结与思考

(1)你是否通过这条路线的实习掌握了出野外前的知识储备版块里的所有2项内容?
(2)为什么这里出现这么多的正断层及其组合(地堑),反映了一种什么构造环境?形成正断层的构造运动与形成沉积不整合的构造运动是同时的吗？

(3)海洋地质作用是我们经常看到的。这里保留了许多海洋沉积作用形成的记录,如何根据这些记录来判断当时的古海岸线位置？与现在看到的北戴河地区的海岸线一样吗？这里看到海洋沉积作用形成的大型波痕为什么不是海洋侵蚀作用形成的海蚀沟？

第五节　亮甲山—沙锅店碳酸盐岩及岩溶地貌路线

一、基本要求与任务

路线四:基地—亮甲山—沙锅店—基地。

任务:

(1)观察、描述亮甲山组碳酸盐岩特征,并了解岩石地层单位"组"的概念。

(2)观察、描述辉绿岩侵入体岩性特征及侵入接触关系。

(3)包气带岩溶地貌发育特征及其影响因素。

(4)练习罗盘的使用方法。

要求:采集代表性岩石标本。

二、实习前的知识储备

本条路线的实习涉及四大内容:自生沉积岩,地层,地下水地质作用及岩溶地貌,侵入岩及其与围岩接触关系。

(1)自生沉积岩:首先,要学会在野外如何区分沉积岩与侵入岩;其次,在野外如何区分自生与他生沉积岩;最后,学会从颜色、层厚、结构、构造等方面观察与描述自生沉积岩特征及其指示的沉积环境条件。

(2)地层:首先,不要混淆时间地层单位(宇、界、系、统)与地质年代单位(宙、代、纪、世),所观察的奥陶系碳酸盐岩是在显生宙奥陶纪这个地质年代所形成的沉积岩;其次,要区分时间地层单位与岩石地层单位(群、组、段、层)。组是最基本的岩石地层单位,有多种划分方法;再次,了解地层的观察与描述,从老到新,从点到面;最后,要了解地层之间的接触关系(整合、平行不整合、角度不整合)及其地质学意义。

(3)地下水地质作用及岩溶地貌:首先,地下水地质作用是外动力地质作用的一种,需要4个形成条件;其次,地下水的分带决定了包气带与饱水带具有不同的岩溶地貌特征;最后,了解岩溶地貌的地质学意义。

(4)侵入岩:首先,了解如何区分侵入岩与沉积岩;其次,了解如何在野外区分侵入岩和喷出岩;最后,知道如何从颜色、矿物、结构和构造等方面的特征观察、描述侵入岩。

三、具体观察和描述内容

NO.1

点位:石门寨村北大桥西侧 200m 亮甲山采石场。

点义:观察辉绿岩侵入体(岩床、岩墙)岩性特征及其与围岩的接触关系,绘制剖面示意图。

内容:

亮甲山是实习区奥陶系"亮甲山组"的创名点,发育完整的下奥陶统冶里组(O_1y)、亮甲山组(O_1l)和中奥陶统马家沟组(O_2m)灰岩地层,可明显看到灰色厚层状沉积岩被灰黑色岩床和岩墙侵入,其特征分别如下:

(1)岩床:厚度 3～5m,大致呈东西方向沿着亮甲山组灰岩层面侵入,与围岩呈协调接触关系(即岩体的产状与围岩的产状大致平行)。

(2)岩墙:垂直侵入亮甲山组灰岩中,宽度 3～5m,岩墙倾角达 85°左右,走向 350°～330°,岩体边界切割围岩层理,与围岩呈不协调接触关系(岩体的产状明显切割了围岩的层理)。由于两侧的灰岩被采集作为烧石灰的材料,岩墙呈墙状矗立于采石场中央(图 3-33)。

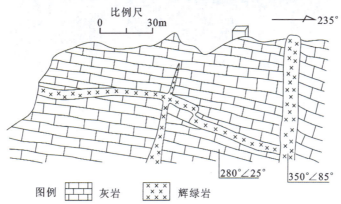

图 3-33 亮甲山采石场亮甲山组灰岩中发育的辉绿岩床、岩脉和岩墙全貌(上,无人机拍摄)及剖面示意图(下)

岩床和岩墙均为辉绿岩(图3-34),其岩性特征如下:灰绿色、黑绿色,细粒结构,部分为斑状结构(斑晶为黑绿色辉石和灰白色斜长石,岩体边部可看到少量伊丁石化[①]的橄榄石斑晶,基质以隐晶质为主,偶见少量长条状的斜长石晶体)。岩石主体为块状构造,在岩体边缘有时可见气孔构造,部分气孔中充填亮晶方解石形成杏仁构造[图3-34(A)]。岩石主要矿物组成为辉石和斜长石,可见少量伊丁石化的橄榄石及黄铁矿。该辉绿锆石U-Pb年龄为130Ma左右(陈林,未发表数据)。

图3-34 具气孔构造、杏仁构造的辉绿岩(A)和具斜长石、辉石斑晶的辉绿玢岩(B)
(谢树成摄于2015年)

辉绿岩床和岩墙与亮甲山组灰岩为侵入接触关系,其依据如下:①岩体切割了围岩层理(图3-33);②辉绿岩岩体边缘可见灰岩捕虏体,部分捕虏体已经大理岩化(图3-35);③局部可见到灰岩靠近岩体一侧出现烘烤边,即由亮晶方解石组成的大理石。

图3-35 辉绿岩与亮甲山组灰岩接触边界,可见灰岩捕虏体(朱宗敏摄于2017年)

---

① 橄榄石的伊丁石化:橄榄石在地表风化、热液作用等条件下,发生分解、氧化,形成一种由铁和镁的氧化物、氢氧化物、黏土矿物等组成的不具有固定成分的复杂矿物集合体,称为伊丁石化。伊丁石通常呈红褐色,可保留原来橄榄石的外形,形成其假像。

NO.2

点位：亮甲山采石场东侧山梁。

点义：下奥陶统亮甲山组(O_1l)与下奥陶统冶里组(O_1y)分界点；亮甲山组岩性观察。

内容：

1. 亮甲山组(O_1l)与冶里组(O_1y)分界线

亮甲山组(O_1l)与冶里组(O_1y)分界线（图3-36）位于灰绿色钙质泥岩的底部。

点东为冶里组(O_1y)青灰色中层—厚层状灰岩夹中厚层状灰绿色钙质泥岩，产状为302°∠24°。

点西为亮甲山组(O_1l)灰白色厚层状竹叶状灰岩及泥质条带灰岩，夹少量黄绿色中薄层状钙质泥岩，产状为265°∠25°。

亮甲山组(O_1l)与冶里组(O_1y)为整合接触关系。

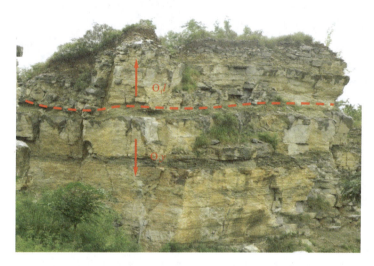

图3-36 下奥陶统亮甲山组(O_1l)与冶里组(O_1y)分界线（谢树成摄于2014年）

2. 亮甲山组灰岩岩性特征

竹叶状灰岩、泥质条带灰岩及虫孔灰岩在观察点附近最为普遍。

泥质条带灰岩：灰黄色，中层—厚层状，条带构造，因青灰色微晶灰岩和灰黄色泥质灰岩（风化面为黄褐色，新鲜面为黄灰色）相间出现而呈现条带状，条带宽度0.2~5cm不等，可见水平层理和斜层理，部分微晶灰岩逐渐透镜化，可能由于差异压实作用导致（图3-37）。泥质条带灰岩往往形成于水动力条件较弱的浅海环境。

竹叶状灰岩：发育于亮甲山组泥质条带灰岩中，厚层或中层状，岩石中含大量大小不等的角砾，粒径0.5~10cm，一般下部较大，往上逐渐变小，具有弱定向性，局部可见直立的角

图 3-37 亮甲山剖面亮甲山组中的泥质条带灰岩(谢树成摄于 2016 年)
(A)灰色微晶灰岩和黄色泥灰岩互层形成条带状构造;(B)灰色微晶灰岩透镜化,内部有时可见斜层理;(C)层面可见干涉波波痕构造(主要发育于泥质条带灰岩中微晶灰岩薄层的层面)

砾或倒"小"字形排列的角砾。角砾在垂直层面上呈细长竹叶状,在平行层面的呈扁平团块,磨圆较好,最大扁平面平行层面。角砾成分主要为灰岩,新鲜面呈青灰色,胶结物是泥灰岩,新鲜面为黄灰色,风化面呈土黄色。竹叶状灰岩底面往往凹凸不平,顶面较为平整,侧向延伸不远,呈透镜状(图 3-38),与泥质条带灰岩相间出现。

竹叶状灰岩是典型的风暴岩,目前一般认为是早期未完全固结的灰岩被风暴打碎、搅起,然后在原地或异地沉积下来形成,因角砾与胶结物都是在类似的沉积环境中形成的,因此这些角砾也叫作"内碎屑",竹叶状灰岩也被认为是内碎屑灰岩的一种。

虫迹灰岩(图 3-39):主要分布于亮甲山组的中上部,呈青灰色中、厚层状,微晶结构,因其中发育大量虫孔而得其名。虫孔往往发育于微晶灰岩和泥质条带灰岩中,虫孔形态各异,垂直或平行层面均有分布,虫孔内充填泥质灰岩,在差异风化作用下,部分虫孔灰岩呈现蜂窝状构造。

环境分析:亮甲山组的上述岩性特征指示其形成环境为浅海陆棚和斜坡环境,风暴频繁,发育海绵等化石。

图 3-38 亮甲山组竹叶状灰岩(谢树成摄于 2014 年、2016 年)

(A)垂直层面上的特征,倒"小"字形排列的"竹叶";(B)竹叶状内碎屑三维特征:垂直层面上呈竹叶状,平行层面上为扁平砾石特征;(C)竹叶状灰岩和泥质条带灰岩相间出现;(D)竹叶状灰岩底部凹凸不平,顶部平整

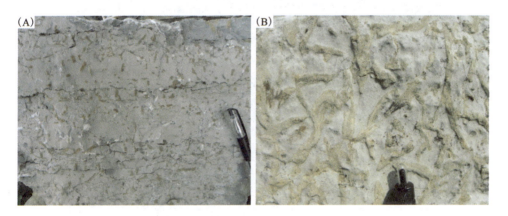

图 3-39 亮甲山组中的虫迹灰岩及其中的虫迹化石(谢树成摄于 2014 年、2016 年)

(A)、(B)分别为垂直层面和平行层面上的虫迹,虫孔被黄色泥质灰岩充填

NO. 3

点位:亮甲山南坡采坑上方。

点义:中奥陶统马家沟组(O_2m)与下奥陶统亮甲山组(O_1l)分界点及叠层石观察。

内容:

1. 马家沟组(O_2m)与亮甲山组(O_1l)分界点

点东为亮甲山组(O_1l)灰色厚层状虫迹灰岩,含腹足纲蛇卷螺化石,产状254°∠34°。

点西为马家沟组(O_2m)灰黄色厚层状白云质灰岩,具有藻纹层构造,底部含有燧石结核,风化面见大量刀砍纹,该组地层还含有青灰色中厚层状微晶灰岩及少量竹叶状灰岩。产状 270°∠30°(图3-40)。

马家沟组(O_2m)和亮甲山组(O_1l)为整合接触关系。

图3-40 马家沟组(O_2m)白云质灰岩与亮甲山组(O_1l)虫迹灰岩的分界线及上、下岩性特征

(谢树成摄于2014年、2017年)

2. 叠层石观察

马家沟组(O_2m)与亮甲山组(O_1l)分界点往西 50m 左右可见马家沟组白云质灰岩中发育大量叠层石建造。叠层石在层面上可见同心环状结构,垂直层面上呈穹隆状,顶部往往是圆弧形(图 3-41)。叠层石规模大小不等,直径从几厘米到几十厘米。

图 3-41 亮甲山南坡中奥陶统马家沟组(O_2m)中的叠层石在层面(A)和垂直层面(B)上的特征

(谢树成摄于 2014 年)

叠层石是由蓝藻、绿藻、蓝细菌等微生物作用和沉积作用共同形成的,受光合作用影响,一般形成于透光带(滨浅海环境),其形态与水体能量大小有关。一般低能环境形成层状的藻纹层,在极低能量条件下可形成树枝状结构,但是在水体比较动荡的高能环境,如潮间带上部及潮坪环境,多为穹隆状。叠层石的出现不仅能够指示沉积环境,其形态也可以指示地层的顶、底面。

相对于亮甲山组形成的环境,马家沟组白云质灰岩形成时水深变浅,穹隆状叠层石发育说明其形成环境为潮间带上部环境。

NO.4

点位:亮甲山南西 210°方位直线距离 500m 左右的小路旁。

点义:上石炭统本溪组(C_2b)与中奥陶统马家沟组(O_2m)分界点。

内容:

点东为马家沟组(O_2m)深灰色白云质灰岩,风化面土黄色,具刀砍纹,产状 275°∠20°。

点西为本溪组(C_2b)灰白色、灰绿色厚层状铝土质砂岩,含鸡窝状褐铁矿,铝土质砂岩中含大量鲕粒,粒径 1~2mm。

本溪组和马家沟组地层之间为平行不整合接触关系。主要依据如下:①两者之间缺失了上奥陶统、志留系、泥盆系和下石炭统,缺失 150Ma 左右的沉积记录;②两者之间存在古风化壳(在石门寨百印台所在山坡处可见,详见本章第五节);③在石门寨附近可见到马家沟组顶部界面凹凸不平,白云质灰岩在风化作用的影响下普遍褪色,部分地区可以见到古溶洞沉积;④本溪组底部以铁、铝为主,并形成铝土矿和山西式铁矿,说明沉积物源经历了强烈的风化作用。

NO. 5

点位:沙锅店村东山梁。

点义:岩溶地貌及花岗斑岩岩墙观察。

内容:

1. 花岗斑岩岩墙

花岗斑岩岩墙出露宽度7～9m,延伸方向140°或320°,可见岩体侵入边界(图3-42),边缘带可见暗色矿物及斑晶形成的流面构造。由于流面构造与接触面平行,流面产状50°∠80°即为岩墙产状,与围岩产状285°∠20°为不协调接触关系。

图3-42 沙锅店村东山梁花岗斑岩岩墙及岩溶地貌

(谢树成摄于2014年、2017年)

岩墙的岩性:浅肉红色,斑状结构,块状构造。斑晶为钾长石和石英,含量为5%。钾长石斑晶多为自形晶体,粒径3～10mm,多数风化为高岭土,呈红褐色,可能与高岭土吸附铁的氧化物有关。石英斑晶呈粒状,粒径2～5mm,无色透明,油脂光泽。基质为玻璃质,镜下可见球粒结构,十字消光,定名为花岗斑岩,其锆石U-Pb测年结果为114Ma(陈林,未发表数据)。

2. 岩溶地貌

岩溶地貌主要发育于东山梁亮甲山组厚层状泥质条带灰岩及虫迹灰岩中，形成规模不等的石芽、溶沟和落水洞，溶沟的分布方向与岩层中节理方向一致，部分溶沟顺着岩层面发育。落水洞多分布于溶沟交界处，有的落水洞平面呈圆形，直径20～50cm（图3-42）。

山梁西侧岩溶作用相对东侧较微弱，主要原因在于两侧地表出露岩性不同，山梁西侧表层主要为马家沟组白云质灰岩，相对于亮甲山组的灰岩不易被地下水溶解。同时，由于花岗斑岩岩墙的阻隔，东侧地下水更容易在岩层中滞留而利于溶蚀作用的发生。

岩溶地貌可以开发为旅游资源，如桂林山水和云南的路南石林，地下洞穴系统能够成为优良油气储存空间，但同时，它们也会给工程建设带来隐患，导致水库渗漏或者地面塌陷，需要提前进行勘察。

最后，指导学生绘制沙锅店东山梁岩溶地貌剖面示意图（图3-43）。

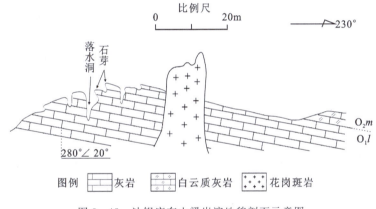

图3-43 沙锅店东山梁岩溶地貌剖面示意图

四、教学方法

本条路线主要是地层路线，建议注重点、线、面的结合，对比分析等进行教学。

1. 点、线、面的结合分析

地层的观察和描述尤其需要点、线、面的结合，这条碳酸盐地层路线也不例外。其中，点是最重要的，必须选择1～2个点进行仔细观察和描述。

（1）点（重点分析）：可以以这条剖面的第二个观察点（采石场的大平台上）为重点进行分析，也是今天观察碳酸盐岩地层的起点，同时也是两个组（O_1l/O_1y）的分界点。这个点需要详细观察和描述的有以下几个方面：

① 竹叶状灰岩和泥质条带灰岩（颜色、成分、结构、构造等）的详细描述。

② 分析竹叶状灰岩的详细特征（4～5个主要特征），并由这些特征（地质记录）分析风暴

成因,让学生了解如何在野外从地质现象分析动力地质过程,说明野外详细观察的重要性。

③让学生知道如何观察和描述碳酸盐岩,特别是让学生了解他生与自生沉积岩的差异。与石门寨的碎屑岩路线不同,石门寨路线学生可以用放大镜看碎屑颗粒的变化(即依据结构反映),而这里的碳酸盐地层却主要依据构造(竹叶状构造、泥质条带构造等)反映出来,这些差异应该给学生说明清楚,让他们体会他生沉积岩与自生沉积岩的差异。

(2)线:主要看竹叶状灰岩、泥质条带灰岩、虫迹灰岩和白云质灰岩等不同类型碳酸盐岩的变化,也就是不同组之间的岩性差异。与点上的详细观察描述不同,线上观察能够点到为止,不必面面俱到。另外,沉积环境的变迁也需要从线上来完成分析。

(3)面:着重看地层的空间展布情况,特别是可以了解地层的走向。有几个地方可以让学生了解碳酸盐岩地层的空间展布:

①在亮甲山上向石门寨方向看地层的展布。

②在沙锅店东山梁远看亮甲山,可以根据产状分析奥陶系在区域上的展布(从亮甲山到沙锅店)。

③在沙锅店东山梁看岩墙两边奥陶系的分布,从而判定岩溶地貌的主要地层是亮甲山组而非马家沟组的。

2. 对比分析

(1)本条剖面的主要岩性是碳酸盐岩,因此对各类碳酸盐岩进行对比是至关重要的,包括纯的灰岩与白云质灰岩、泥质条带灰岩与虫迹灰岩等。

(2)本条剖面看到两类岩浆岩(花岗斑岩与辉绿岩),也可以进行对比分析。

(3)沙锅店花岗斑岩与老虎石花岗岩在岩性、时代、意义上的对比。

(4)学生容易误解的东西需要进行对比,如竹叶状灰岩(内碎屑灰岩)与砾岩。

3. 注意事项

(1)这个点的时间比较长,需要早做安排,建议亮甲山不要超过 3.5h,沙锅店不超过 1.5h。否则学生到后面没有精力,效果很差。

(2)这条路线场面很宽广,是加强各项基本技能锻炼的难得路线,包括用放大镜观察、罗盘测方位和产状、画信手剖面图、岩石地层单位组的划分等。特别是刚跑完海洋路线的班级,今天是第一天跑老地层路线,需要贯彻各类地质基本技能的训练。

(3)注意分析沙锅店岩溶地貌的特点,如主要发育包气带的岩溶地貌,饱水带岩溶地貌不发育;岩墙两边的地貌发育不一致等。

(4)路线长,学生容易疲劳,可以寻找一些兴趣点,比如寻找与观察精美的化石。

五、野外后的总结与思考

(1)你是否通过这次实习掌握了出野外前的知识储备版块里的所有 4 项内容?

(2)奥陶纪的华北是处于一个什么样的沉积环境？奥陶系的沉积岩中为什么会有这么多的侵入岩？

(3)本区出露这么多可溶性的岩石——碳酸盐岩,为什么没有桂林山水那样美丽的岩溶地貌发育？

第六节 石门寨碎屑岩观察路线

一、基本要求与任务

路线:基地—石门寨—基地。

任务:

(1)认识并描述碎屑岩,并初步分析其形成环境。

(2)认识古风化壳并了解其构造意义。

(3)练习后方交汇法定点。

要求:带地形图、量角器和直尺。

二、出野外前的知识储备

本条路线涉及的内容包括他生沉积岩、地层、风化作用、定点四大方面。

(1)他生沉积岩:首先,要了解他生沉积岩与自生沉积岩(亮甲山—沙锅店路线)的区别;其次,要了解从颜色、成分、结构、构造角度观察和描述他生沉积岩;最后,学会如何从他生沉积岩分析沉积环境变迁,分析一个地区的沧海桑田变化历史。

(2)地层:首先,不要混淆时间地层单位(宇、界、系、统)与地质年代单位(宙、代、纪、世),所观察的石炭系和二叠系碎屑岩分别是在显生宙晚古生代石炭纪和二叠纪这两个地质年代所形成的他生沉积岩;其次,要区分时间地层单位与岩石地层单位(群、组、段、层)。组是最基本的岩石地层单位,这里剖面展现了组的多种划分方法;再次,了解地层的观察与描述,从老到新,从点到面;最后,要了解地层之间的接触关系(整合、平行不整合、角度不整合)及其地质学意义。

(3)风化作用:是发生在原地的一种地表或近地表的地质作用,是所有外动力地质作用的序幕,受气候、岩性(成分、结构与构造)、地形、人类活动的影响。了解古风化壳的地质学意义(判断古气候、构造运动等)。

(4)定点:需要了解在野外的一些基本定点方法。了解后方交汇和前方交汇定点的目的、要求及基本操作方法。

三、野外具体观察和描述内容

NO.1

点位：石门寨西门西边约 1km 处的山坡上。

点义：上石炭统本溪组（C_2b）与中奥陶统马家沟组（O_2m）的分界点。

内容：

（1）利用地形图和罗盘进行后方交汇法定点，确定本溪组（C_2b）与马家沟组（O_2m）分界点位置。

可选择亮甲山（161.1 高地）、石门寨西门及四方台作为参考点进行后方交汇定点。

（2）观察本溪组（C_2b）与马家沟组（O_2m）的平行不整合接触关系。

点东为马家沟组（O_2m）白云质灰岩，风化面呈土黄色，具刀砍纹产状：278°∠34°。

点西为本溪组（C_2b）灰色铝土质及褐色铁质细砂岩，具有鲕粒结构（图 3-44），风化面鲕粒脱落形成大量孔洞，含鸡窝式铁矿（山西式铁矿），产状 280°∠30°。

图 3-44　上石炭统本溪组（C_2b）含鲕粒铁铝质细砂岩（朱宗敏摄于 2018 年）
（A）新鲜面上的红褐色鲕粒；（B）鲕粒脱落后留下的孔洞

两者为平行不整合接触关系，证据来自于：①两套地层之间缺失了上奥陶统、志留系、泥盆系和下石炭统，缺失 150Ma 左右的沉积记录；②两者之间存在古风化壳（图 3-45）；③在石门寨附近可见到马家沟组顶部界面凹凸不平，白云质灰岩在风化作用的影响下普遍褪色（图 3-45），部分地区可以见到古溶洞沉积；④本溪组底部以铁、铝为主，并形成铝土矿和山西式铁矿，说明沉积物源经历了强烈的风化作用；⑤两套地层产状基本一致。

（3）观察本溪组岩性特征并绘制信手剖面图（图 3-46）。

本溪组包含 3 套砂岩及页岩组成的沉积旋回，分别为：底部为中厚层状铝土质、铁质细砂岩，具鲕粒结构和鸡窝式褐铁矿（Ⅰ砂），其上为灰黑色薄层状粉砂质、泥质页岩（Ⅰ页）。中部为灰白色、褐黄色中厚层状中、细粒砂岩（Ⅱ砂），砂状结构，块状构造，主要成分为石英，

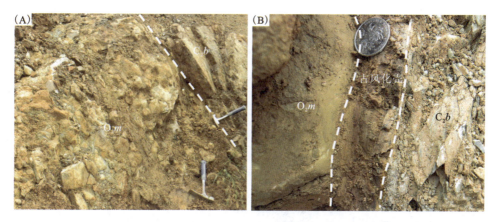

图 3-45　上石炭统本溪组（C_2b）铁铝质细砂岩与中奥陶统
马家沟组（O_2m）白云质灰岩间的不整合接触关系
(A)远观,马家沟组顶部凹凸不平;(B)近观,两者之间存在紫红色风化壳

并含有少量长石和岩屑,其上为灰黄色厚层状泥质、粉砂质页岩（Ⅱ页）。上部为一套灰白色、褐黄色中薄层状石英细砂岩（Ⅲ砂）,具鲕粒结构,其上为灰黑色、灰褐色中薄层状粉砂质、钙质页岩,顶部夹泥灰岩透镜体（Ⅲ页）。

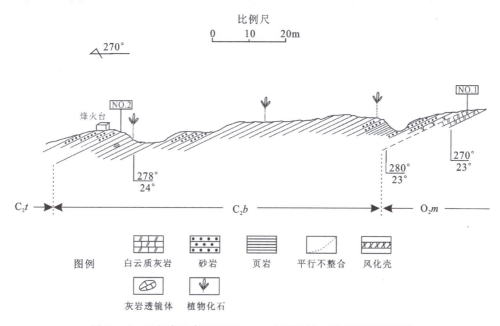

图 3-46　石门寨马家沟组（O_2m）—太原组（C_2t）地层信手剖面图

本溪组为近岸滨海或海陆交互相沉积,该组顶部灰岩透镜体中可见海百合茎化石,有时可见蜓及刺毛珊瑚化石,钙质页岩中有植物化石和遗迹化石。

NO.2

点位:烽火台南侧山坡小路旁。

点义:上石炭统太原组(C_2t)与本溪组(C_2b)分界点。

内容:

点东为本溪组(C_2b)顶部灰色、灰黑色粉砂岩及粉砂质页岩夹灰岩透镜体,产状为 278°∠25°。

点西为太原组(C_2t)底部灰黄色厚层状至块状中细粒岩屑杂砂岩,具明显的球形风化现象(图3-47),产状275°∠35°。

两者为整合接触关系。

图3-47 太原组(C_2t)底部杂砂岩的球形风化现象

该点往西陆续可以看到太原组地层间断出露,主要为灰黄色泥质粉砂岩、粉砂岩及少量页岩,中间夹少量煤线。砂岩成分较杂,以杂砂岩为主。上部可见泥灰岩透镜体,含铁质结核,偶见植物碎片。因为该组地层中出现煤线以及灰岩透镜体,推测该组为海陆交互相沉积。

NO.3

点位:烽火台西侧300m处的山梁。

点义:下二叠统山西组(P_1s)与上石炭统太原组(C_2t)分界点。

内容:

点东为太原组(C_2t)灰黄色中细粒砂岩,产状277°∠37°。

点西为山西组(P_1s)灰绿色、灰白色中厚层状中细砂岩,上覆黑色、灰黑色薄层状碳质泥岩。产状270°∠29°。

两者为整合接触关系。

山西组主要特征是含煤层,也是华北地区重要的含煤层。煤层中保存了丰富的植物化石,如脉羊齿、栉羊齿等,以茎、叶为主,保存状态杂乱无章,反映了当时的掩埋为快速堆积。山西组出现煤层,说明当时是陆相环境,由于太原组为海陆交互相,山西组的沉积环境可能是滨海沼泽环境。

NO.4

点位:烽火台西山梁,174高地东侧200m左右的山沟。

点义:中二叠统石盒子组(P_2sh)与下二叠统山西组(P_1s)分界点。

内容:

点东为山西组(P_1s)顶部灰白色中薄层状铝土质泥岩、粉砂岩。

点西为石盒子组(P_2sh)底部褐黄色厚层状砾岩、含砾粗砂岩及粗砂岩(图3-48),砾石分选中等或较差,磨圆较好。砾石含量变化较大,整体往上逐渐变少、变小,大致为砾岩—砂砾岩—含砾粗砂岩—砂岩,厚度变化较大,呈透镜状,反映了从河床到边滩的沉积环境(或辫状河道沉积),地层产状273°∠30°。

两者为整合接触关系。

图3-48 石盒子组(P_2sh)透镜状分布的砾岩-含砾砂岩

四、教学方法

本条路线主要是地层路线,建议采取点、线、面结合,对比分析,重点分析等进行教学。

1. 点、线、面的结合

地层的观察和描述尤其需要点、线、面的结合。

(1)点:在关键的观察点让学生仔细观察与讨论,特别是组的分界点,点上也是训练一些基本技能的关键。

(2)线:学生对点上了解后,需要边走边看,了解岩性的变化、沉积环境的变迁等,也是地层从老到新观察的关键环节。

(3)面:着重看地层的空间展布情况,特别是可以了解地层的走向。学生往往对地层空间展布不了解,在点上测产状就出问题。

实际情况可以先面,再点,然后是线,最后又回到面。例如,达到第一个点后,可以先指给学生看地层的展布,从亮甲山到石门寨奥陶系的空间展布,先让学生从宏观上树立地层空间展布(走向)情况;然后回到点上仔细观察、描述和讨论;接着边走边看,最后到达第二个点后又先总结地层面展布情况,看是否有变化。

2. 重点分析

这条路线比较长,内容多,特别是一些基本技能的训练也比较多(放大镜使用、罗盘使用、画信手剖面图、定点、分组等),不能面面俱到,建议突出若干个重点,其他可以简单介绍。

(1)砂岩:是这个剖面的主要岩性,也是学生第一次接触碎屑岩,需要重点观察与描述,让学生了解碎屑岩是怎么看的,如何从其中的碎屑颗粒来区分沉积岩与岩浆岩,一定要求学会使用放大镜观察碎屑颗粒、碎屑结构。

(2)定点:第一个点可以详细讲解和锻炼学生利用后方交汇法定点,同时考查学生对罗盘的使用情况。其他定点可以简单化处理。

(3)分组:选择两个组的分界点上仔细讲解岩石地层的最基本单位——组是如何划分的,让学生明白组不是随意划分的,后续其他点上的分组可简单化。

(4)兴奋点:这条路线内容多而长,可以找一两个兴奋点,如化石、球形风化。

3. 对比分析

(1)除了突出若干个重点外,本条剖面的对比分析也很重要。

(2)一些需要进行对比的方面:不同砂岩的对比(粗砂岩、细砂岩;滨海砂岩、河流砂岩)、薄层砂岩与泥岩的对比(许多学生把山西组的薄层砂岩当作泥岩),组之间的对比(如本溪组与太原组),砂岩正地形与泥岩负地形的对比等。

4. 注意事项

(1)这个点的时间比较长,需要早做安排,建议不要超过5h,6:30出发的最好能在11:00或11:30完成。否则学生到后面没有精力,效果很差。

(2)同一个班的两位老师加强配合,一位主讲,另一位帮忙检查学生的工作、纠正学生的错误、协助画图等,并与其他班级进行沟通与协调。

(3)注意加强各项基本技能的锻炼,包括用放大镜看碎屑颗粒、罗盘测方位和产状、交汇法定点、画信手剖面图、岩石地层单位组的划分等。

(4)关于本溪组(C_2b)/马家沟组(O_1m)的平行不整合,除了点上的观察外(往往因覆盖不甚理想),还可以建议学生从奥陶系在空间上的变化来反映,分别找班里的5个男同学和5个女同学,让5个男同学沿着走向站在奥陶系最顶部的露头上,5个女同学站在对应的本溪组地层露头上,把男同学连接起来就可以看出地层的走向是凹凸不平的——灰岩被溶蚀成凹凸不平的反映。这样做可能会使同学产生兴趣。

五、野外后的总结与思考

(1)你是否通过这条路线的实习掌握了出野外前的知识储备版块里的所有4项内容?

(2)从早古生代奥陶纪(亮甲山—沙锅店路线)到晚古生代石炭纪、二叠纪,华北经历了怎样的沧海巨变?这个巨变是谁造成的?

(3)煤作为一种重要的资源,在什么环境下可以找到?我国的煤主要产在哪些地质时代?

第七节　上庄坨火山岩和大石河河谷地貌观察路线

一、基本任务

路线:基地—上庄坨—基地。
任务:
(1)观察火山熔岩及火山集块岩。
(2)观察大石河中游河谷地貌并绘制河谷横截面图。

二、出野外前的知识储备

本条路线涉及内容特别多,既有内动力地质作用,也有外动力地质作用,具体包括岩浆喷出作用、火山沉积作用、河流地质作用三大方面。

(1)岩浆喷出作用:岩浆作用是一种很重要的内动力地质作用。首先,需要了解岩浆的侵入作用与喷出作用及其形成的主要岩石类型;其次,要了解从颜色、矿物成分、结构、构造观察和描述喷出岩(火山岩);最后,要了解基性、中性与酸性喷出岩的一些野外区分特征,侵入岩与喷出岩的野外区分特征。

(2)火山沉积作用:火山沉积作用形成火山碎屑岩,它是一类他生沉积岩。首先,要了解火山碎屑岩与另一类他生沉积岩——陆源碎屑岩的区别;其次,要了解从颜色、成分、结构、构造角度观察和描述火山碎屑岩;最后,学会从火山碎屑岩与火山熔岩分析火山机构。

(3)河流地质作用:首先,了解河流的一些基本要素;其次,弄清楚河流侵蚀作用的方式(下蚀作用与侧蚀作用)及其产物(河曲、蛇曲);再次,了解河流沉积作用及其产物(冲积物、阶地、河漫滩沉积);最后,学会根据河流地质作用的产物分析区域构造运动。

三、野外具体观察和描述内容

NO.1

点位:上庄坨村西北约 200m 抽水站旁的山坡上。

点义:观察上侏罗统火山熔岩和大石河中游河谷地貌。

内容:

1. 中侏罗统火山岩

中侏罗统(髫髻山组)火山岩主要分布在柳江向斜的核部,以中性火山熔岩(安山岩)和火山碎屑岩为主,中间夹少量以火山碎屑为主的砂岩和火山凝灰岩、页岩等。区域上,髫髻山组的年龄主要介于 161~153Ma 之间(刘健等,2006;于海飞等,2016;Chang et al.,2009; Hao et al.,2021)。在上庄坨北西约 65km 处的霸王沟测得该组火山灰时代为 159.8~159.0Ma (Yu et al.,2021),推测与本实习点火山岩的时代一致。

沿着大石河凹岸顺坡而上(图 3-49),依次可以看到如下岩石。

图 3-49 上庄坨村大石河河谷火山岩观察点

气孔安山岩[图 3-50(A)]:灰绿色,斑状结构,斑晶为辉石和斜长石,基质为隐晶质,在显微镜下主要为长条状斜长石、绿帘石(使岩石呈现绿色,通常由斜长石、角闪石等蚀变而成),具块状构造、气孔构造和杏仁构造,杏仁主要由灰白色方解石和燧石组成,直径 0.1~0.5cm 不等,形态不规则。

凝灰质砂岩[图 3-50(B)]:(往上行进约 30m)砂状结构,粒径 1~3mm,分选差,次棱角状,碎屑成分除火山碎屑外,还可以见到变质岩和沉积岩碎屑、斜长石和石英矿物碎屑等,胶结物为凝灰质。

碳质页岩[图 3-50(C)]:灰黑色薄层状,覆盖于凝灰质砂岩上部或夹于凝灰质砂岩中间,夹煤线,含植物化石。

辉石安山岩[图3-50(D)]：灰绿色、紫红色，斑状结构。斑晶为辉石，占5%～15%，黑色短柱状，横截面接近正方形，具两组近垂直的解理，解理面玻璃光泽，有时可见斜长石斑晶（最高含量可达40%左右），偶见伊丁石化的橄榄石斑晶（最高约占3%）；块状构造，底部可见球形风化现象。

角闪石安山岩[图3-50(E)]：灰绿色，斑状结构，块状构造。角闪石斑晶占10%～15%，黑绿色，长柱状，大小3mm×10mm，个别角闪石斑晶十分巨大，达到1mm×30mm左右，可见近菱形横切面和长条形纵切面，横切面上两组解理呈120°。基质为灰绿色隐晶或微晶质。

富斜长石斑晶安山岩[图3-50(F)]：灰白色、灰紫色，斑状结构，块状构造。斜长石斑晶占5%～10%，细小短柱状、针状，表面已经不同程度高岭石化。基质为隐晶质或微晶质，紫红色、灰紫色。此处的富斜长石安山岩主要以大小不等的火山集块的形式产出。

图3-50　上庄坨村大石河凹岸抽水泵旁边可观察到的岩石类型。
(A)气孔安山岩；(B)凝灰质砂岩；(C)凝灰质砂岩中的碳质页岩夹层；(D)辉石安山岩；(E)角闪石安山岩，可见角闪石长条状纵切面；(F)富斜长石斑晶安山岩

2. 大石河河谷地貌

大石河发源于燕山山脉东段,由西北至东南流经柳江盆地,经山海关老龙头南侧入渤海,全长70km,流域面积约560km²,是实习区主要水系之一。

观察点处于大石河中上游的山间河流,与盆地中平原区发育的河流特征不同。河床、谷底和谷坡三要素明显,河床在较开阔的谷底随着河谷总体同步弯曲,并触及河谷谷坡。河流的主流线偏向凹岸,形成深水区。河流凹岸侵蚀作用明显,形成侵蚀陡崖,高达50m。凸岸堆积沉积物,地势平坦,成为村庄与良田。河流演化总体处于河曲阶段,仍然具有较强的侧方侵蚀作用。

河谷内发育各种沉积地形,包括心滩、浅滩和河漫滩沉积(图3-51)。浅滩、边滩由河流单向环流引起的侧向加积作用形成,分布于河谷凸岸,宽度3～10m(因人为改造强烈,宽度变化较大),缓缓向河床倾斜。河漫滩沉积由洪水期河水越过天然堤,悬浮物质垂向加积于早期的浅滩粗粒沉积物之上,一般构成二元结构。此处可见河漫滩主要分布于河谷凸岸,宽度3～10m,下部为大量巨砾沉积,上部为细砾、粗砂及亚砂土沉积。

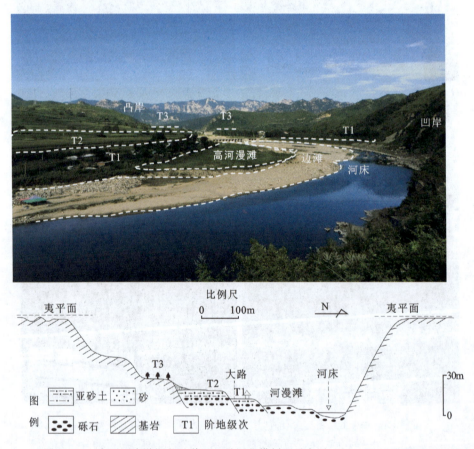

图3-51 大石河中游河谷地貌(上)及河谷横剖面示意图(下)(李长安绘制,2015)

河谷内发育三级河流阶地,表面略向河床及河流下游倾斜,陡坎明显。

一级河流阶地(T1):堆积阶地,高出现代河水面3~5m。下部由浅滩砾石层组成,上部为细砾、粗砂及亚砂土,阶地宽度不等,目前部分被改造成农田、道路和房基地。

二级河流阶地(T2):堆积阶地,高出现代河平面约12m,已被改造成永久耕地。表面由亚沙土、亚黏土组成,陡坎下部可见浅滩相砾石层,阶面和阶坡上均发育砾石堆积。

三级河流阶地(T3):基座阶地,高出现代河平面约20m。三级阶地分布不连续,人工改造明显。表面物质主要为亚沙土和亚黏土,可见残留河床相砾石,直接覆盖在火山岩基底上。阶面上分布有砾石,阶坡上出露基岩。砾石磨圆度好,成分主要为石英砂岩和花岗岩。阶地后缘坡积物中发现安山质火山岩砾石,无花岗岩和流纹岩等砾石。由此说明,上述磨圆度较好的砾石沉积可能代表了大石河发育初期的最早沉积物。

大石河中游的三级阶地发育,代表了实习区曾经历了3次较明显的地壳相对上升运动,是实习区新构造和现代构造运动的重要记录,与北戴河滨海区发育的3个不同高度的海蚀阶地指示的构造意义相吻合。

NO.2

点位:上庄坨村与小傍水崖村之间的大石河凹岸(图3-49)。

点义:观察火山集块岩。

内容:

该点可以看到安山质火山集块岩[图3-52(A)],其特点为:整体为紫红色、灰绿色,火山碎屑多为紫红色或灰绿色,50%以上的碎屑直径大于50mm,最大可达到150mm,多数为椭圆形、不规则形状,定向性不太明显,成分主要为安山岩。胶结物为灰绿色或紫红色细粒火山角砾和火山凝灰,部分胶结物中可见角闪石晶屑。

该点可观察到火山集块岩与火山熔岩的界面[图3-52(B)],下部为火山集块岩,上部为火山熔岩(辉石安山岩),两者的界面凹凸不平,产状大致为142°∠87°。

图3-52 火山集块岩

(A)火山集块岩,可见含长石斑晶的集块之间充填紫红色细粒火山灰;
(B)火山集块岩与火山熔岩(安山岩)接触界线

NO.3

点位：上庄坨村抽水站对面大石河凸岸河漫滩。
点义：观察河漫滩沉积物及河床沉积。
内容：

1. 河床砾石观察

大石河河床分布大量砾石，形成边滩、浅滩和心滩，直接覆盖在安山质基岩上，大部分砾石直径30～50cm，磨圆较好，成分复杂，包括灰白色、肉红色花岗岩，紫红色、灰绿色安山岩，紫红色流纹岩，灰白色流纹岩及各种沉积岩等[图3-53(A)]，砾石中间充填少量粗砂和细砾。

任意划定一个5m×5m范围的区域，测量并统计砾石最大扁平面的产状。统计结果显示，砾石大多以10°～30°左右的倾角倾向河流上游方向。

2. 河漫滩二元沉积物观察

河漫滩分布于河床凸岸，顶部高出河平面2m左右。下部为大量的砾石，砾石规模变化很大，直径最大可达70cm，最小1cm左右，分选差，以次棱角、次圆状为主。砾石略具定向性，最大扁平面倾向河流上游方向；上部为少量细砾及粗砂、黏土沉积，局部可见水平层理，杂草丛生[图3-53(B)]。

图3-53　大石河中游河床砾石的呈叠瓦状排列及河漫滩二元结构
(A)河床砾石最大扁平面倾向指向河流上游；(B)河漫滩沉积特征

四、教学方法

1. 以动力地质过程为线索进行中侏罗统的野外教学

一方面，上庄坨路线由于强调了重点观察和描述火山熔岩，给学生的印象可能不是地层路线,难以把火山岩与岩石地层单位的组(上侏罗统髫髻山组)建立起联系。实际上,这里是组的另一种划分方法,即把一套特别复杂的地层与上、下相邻的相对比较简单的地层区分出来,可以建立一个组。因此,这里的熔岩是这个组的主要岩石类型之一,它明显不同于我们在其他路线看到的侵入岩(如在亮甲山看到的奥陶系亮甲山组灰岩中的辉绿岩),后者不是岩石地层单位"组"的特征岩石。

另一方面,即使把上庄坨路线当作地层路线,学生也难以理解在这里所看到的熔岩(安山岩)、火山碎屑岩(集块岩)和正常沉积岩(含凝灰质砂岩)等之间的关系,或者容易把它们混为一谈。例如,火山集块岩是沉积岩而非火山岩。

鉴于以上的两个问题,建议上庄坨路线需要让学生树立从火山喷发的内动力地质过程到外动力过程(沉积)的整体时空观。这明显与石门寨碎屑岩和亮甲山碳酸盐岩地层的观察和描述不同。后两者需要建立外动力地质过程中沉积环境变迁的时空观。

2. 对比分析

(1)注意对比分析北戴河3条不同地层路线3类不同岩石中的砾石,分析其不同的动力地质过程。本剖面的火山集块岩(火山沉积)、石门寨中二叠统石盒子组的含砾砂岩(河流成因)、亮甲山奥陶系亮甲山组的竹叶状灰岩(海洋风暴成因)。

(2)注意野外如何区分喷出岩与侵入岩(主要依据结构+构造)、中性岩和酸性岩(主要依据矿物成分)。

(3)注意野外区分不同的暗色矿物,特别是辉石与角闪石。

3. 树立河流动力地质作用的空间观

(1)大石河地貌观察实际上是分析河流动力地质作用,而对现代河流地质作用来说,树立空间观念是至关重要的。这包括河流上、中、下游的地貌和地质作用是不一样的,河流的凹岸和凸岸是不一样的。

(2)特别注意阶地和河床砾石的观察与描述,它们很好地记录了河流的动力地质作用过程。

(3)注意与海滨路线的新河三角洲建立联系,进一步加强学生的空间观念。

4. 注意事项

(1)这条路线需要特别注意安全。一是陡崖多,要反复提醒学生不要靠近陡崖且不可嬉戏打闹;雨天不用下陡坡到集块岩观察点。二是到集块岩观察点经常十分闷热,那里容易中暑。另外,请提醒学生不要践踏、毁坏老乡的庄稼。

(2)这个点把火山岩、河流地质作用这两个完全不相干的内容放在一起,但两部分内容同等重要,应该大致平均分配时间。

(3)这条路线很难在1个点同时开展3个班的野外教学,建议一部分班级从火山岩开始,另一部分班级倒着来,从大石河河谷看河流地质作用开始。

(4)这条路线的可能兴奋点是火山口之旅。

五、野外后的总结与思考

(1)你是否通过这条路线的实习真正掌握了出野外前的知识储备版块里的所有3项内容?

(2)河流地质作用是我们经常看到的,世界上的四大文明均发源于全球的大河流域,我国的华北平原和长江中下游平原的形成分别与黄河及长江的地质作用有关。你想过没有,河流为什么能形成如此巨大的平原?

(3)在地球历史上,火山喷发作用不仅导致重大的气候环境变化,而且还导致了地球历史上的生物大灭绝,火山喷发为什么具有如此巨大的威力?是由于岩浆的温度高才具有这么大的威力吗?

第八节 燕塞湖正长岩侵入体和大石河下游河谷地貌

一、基本任务

路线:基地—燕塞湖景区停车场—基地。

任务:

(1)观察正长岩侵入体岩性特征及侵入接触关系。

(2)观察大石河下游河谷地貌。

二、出野外前的知识储备

本条路线既有内动力地质作用,又有外动力地质作用,具体包括岩浆侵入作用和河流地质作用两方面。

(1)岩浆侵入作用:岩浆作用是一种很重要的内动力地质作用。首先,需要了解岩浆的侵入作用及其形成的岩石类型;其次,要了解从颜色、矿物成分、结构、构造观察和描述侵入岩;再次,要了解岩体与岩体之间或岩体与沉积岩之间的接触关系;最后,要了解基性、中性与酸性侵入岩的一些野外区分特征,侵入岩与喷出岩的野外区分特征。

(2)河流地质作用:首先,了解河流的一些基本要素;其次,弄清楚河流侵蚀作用的方式(下蚀作用与侧蚀作用)及其产物(河曲、蛇曲);再次,了解河流沉积作用及其产物(冲积物、阶地、河漫滩沉积);最后,了解河流上、中、下游在侵蚀与沉积作用方面的差异。

三、野外具体观察和描述内容

NO.1

点位:燕塞湖采石场(停车场)。

点义:斑状正长岩与正长斑岩岩性及侵入接触关系观察点。

观察内容:

1. 燕塞湖停车场附近岩体介绍

该点看到的肉红色斑状正长岩是一个在平面上呈不连续的环形、产状陡立的岩墙,其围岩为一套由火山岩和侵入岩组成的杂岩体。岩墙宽度变化较大,从几百米到几米,最宽处可达 1.2km。在杂岩体北部的九门口和西南侧的蟠桃峪村可以看到斑状正长岩侵入到杂岩体粗面岩中(图 2-8),接触面陡立。该环状岩墙锆石 U-Pb 年龄为 (119 ± 3)Ma,其形成过程如下:首先,火山爆炸性喷发形成大量的火山熔岩和火山碎屑岩;同时,岩浆房空虚导致压力下降,其顶板围岩沿着火山口周围近直立的环状断裂垮塌,形成塌陷的破火山口;与此同时,下伏岩浆房的正长岩岩浆挤入环状断裂带而形成环状岩墙(文霞等,2013)。

该点还可以看到灰绿色正长斑岩呈脉状侵入肉红色斑状正长岩中,局部可见明显的冷凝边和烘烤边,其锆石 U-Pb 年龄为 (121 ± 3)Ma。该正长斑岩岩体同时侵入斑状正长岩、杂岩体及杂岩体中心的花岗岩岩株,在区域上呈锥状岩席,可能沿着花岗岩岩株在侵入过程中导致围岩中形成倾角中等—陡立的、内倾的裂隙侵入所致(文霞等,2013)。

2. 侵入体岩性及接触关系观察

(1)斑状正长岩:是一种中性深成侵入岩。斑状正长岩是采石场的主要岩类,新鲜面颜色呈肉红色,风化面土黄色。肉眼可见清晰的似斑状结构、块状构造。斑晶为肉红色的正长石,柱状晶形,单个斑晶大小 7~15mm,往往具有"红皮白心"的环边结构,即晶体内部是灰白色的,外围是一圈红色的,晶体内部有细小的暗色矿物晶体。根据所显示的卡氏双晶,且双晶贯穿晶体的白色与红色部分,初步判断斑晶为正长石。基质显晶质,主要成分为正长石,可见部分石英颗粒及少量角闪石、黑云母和磁铁矿等,晶体大小为 0.6~1.0mm[图 3-54(A)]。岩石中可见暗色矿物相对集中的包体,后期绿帘石化蚀变沿节理方向发育。

(2)正长斑岩:是一种中性浅成侵入岩。呈脉状产于斑状正长岩中,岩脉宽度为 3~5m,节理十分发育,节理垂直于岩脉延伸方向。岩石新鲜面呈浅灰色,风化面灰色,斑状结构,块状构造。斑晶是肉色正长石,柱状晶形,大小为 0.5~1mm,含量约 10%[图 3-54(B)]。基质为隐晶质,肉眼无法识别矿物晶形,表面较粗糙。

(3)接触关系:正长斑岩为侵入体,它与围岩——斑状正长岩之间的侵入接触关系明显,其依据包括:首先,从宏观上可见斑状正长岩规模较大,而正长斑岩规模小,呈脉状产出于斑状正长岩之中;其次,正长斑岩中可见斑状正长岩的捕虏体[图 3-55(A)];同时,在两者的接触带上可见发育明显的冷凝边和烘烤边[图 3-55(B)]。根据其侵入接触关系,正长斑岩形成时代晚于斑状正长岩。

3. 大石河下游河谷地貌观察

大石河发育于燕山山脉东段,全程 70km 左右,自北向南纵穿柳江盆地,由山海关附近注入渤海。此处位于大石河下游,离河口仅仅 16km 左右。

图 3-54 斑状正长岩与正长斑岩岩性特征

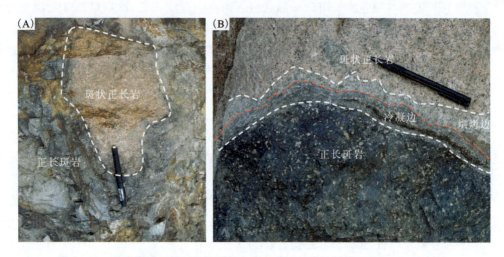

图 3-55 燕塞湖采石场正长斑岩侵入到斑状正长岩的证据(谢树成摄于 2015 年)
(A)正长斑岩中的斑状正长岩捕房体;(B)冷凝边和烘烤边

河谷较中游上地区(上庄坨村附近)更加开阔,凹岸陡立,与河床相接,凸岸地形平缓,因受燕塞湖大坝及人为改造河道的影响,河床变窄(图 3-56)。

河谷内沉积大量灰白色、灰黑色砾石,直径多数集中在 5～15cm,少量可达 40～50cm。砾石成分为花岗岩、正长岩、安山岩、灰黑色的火山岩。因人为改造强烈,边滩和心滩沉积地形不明显,可见杂草丛生的河漫滩分布于凸岸,缓缓倾向河床,高出河床 1～2m,下部为粗大的砾石,上部沉积少量泥沙(图 3-56)。

河谷内可见两级河流阶地,在凸岸和凹岸均有分布。凸岸的两级阶地均为堆积阶地,为农田和房基地,一级阶地高出河床平面 3～5m,二级阶地高出河床 10～12m。凹岸的两级阶地均可见基岩出露。其中,一级阶地被改造成公路和房基地,高出河床 3～5m,二级阶地为林地和农田,高出河床 10～12m(图 3-56)。

图 3-56　大石河下游河谷地貌及凸岸、凹岸两级河流阶地(T1,T2)和河漫滩

(谢树成摄于 2017 年)

四、教学方法

建议燕塞湖的岩体从远观到近观进行教学,大石河河谷进行对比分析教学。

1. 远观

(1)下车后,先不要直接走到石崖下的观察点,而是引导学生远观,放眼望去,问学生看到的岩石是沉积岩还是岩浆岩,并请学生列出依据。

(2)进一步远观引导学生去看,能识别出几套岩浆岩。

(3)接下来就需要确定它们是什么岩浆岩,以及它们侵入时间的先后关系,告诉学生这需要近观了。

2. 近观

建议学生分组先观察,老师再总结。但在学生看之前,老师先花 10min 简单介绍一下看什么、怎么看。然后放手让学生去观察和讨论。可以建议学生把标本拿到广场上分组仔细看,岩石标本比较新鲜,可以多花时间让学生看。

(1)先看矿物,要求学生需要区分石英、斜长石、钾长石、角闪石等,并大致估计含量。

(2)再看岩石类型,根据矿物成分、结构、构造分别识别出两套岩浆岩。能够区分似斑状结构和斑状结构。

(3)最后引导学生看岩浆岩的关系,区分冷凝边和烘烤边,区分哪个早哪个晚,依据是什么。

3. 总结

(1)先提问总结学生看的情况。

(2)再引出区域上的特点和变化,以及岩株等。

(3)如果看过其他路线的火成岩(如上庄坨、亮甲山、沙锅店等),可以进一步进行总结和对比,包括岩石类型、侵入深度、年代及其地质学意义等。

4. 注意事项

(1)这个点比较危险,要求学生不要在石崖下使用地质锤打标本,老师要随时观察头顶上的岩石松动情况。

(2)这个点比较拥挤,3个班需要进行协调,可以分别在3个点进行观察,然后对比较精彩的现象(如冷凝边和烘烤边)进行互换观察。

(3)注意区分捕房体与析离体,注意观察钾长石的卡氏双晶,这是区分斜长石和钾长石的重要标志。

5. 大石河河谷地貌采取对比分析的教学方法

(1)如果已经观察了上庄坨大石河中游河谷地貌的班级,建议从河谷形态、砾石大小、阶地等方面进行对比。

(2)没有观察过上庄坨大石河中游河谷地貌的班级,建议先从河谷形态、砾石大小、阶地等方面进行记录,等以后观察中游时再在上庄坨进行对比分析。

五、野外后的总结与思考

(1)你是否通过这条路线的实习掌握了出野外前的知识储备版块里的所有2项内容?

(2)为什么这里的侵入岩体在区域上呈现一个圆形,外围是喷出岩(火山岩)?其他地区的岩体都是这样的形态吗?

(3)河流地质作用是我们经常看到的。这里的凸岸形成了很大的平原,许多村庄就建在这个冲积平原上。你想过没有,河流为什么能在这里形成如此巨大的平原而在上庄坨那里明显要小?

第四章　野外地质工作基本方法和技能

第一节　地形图、罗盘和放大镜的使用方法

一、地形图的使用

1. 地形图一般特征

地形图是将地形、地物依据设定的比例按一定的方法投影在平面上，反映地形起伏变化的图件。它是地表地形、地物空间位置的实际反映。地形图按比例尺可分为大比例尺地形图（大于1∶5万）、中比例尺地形图（1∶5万～1∶25万）、小比例尺地形图（小于1∶25万）3个类别。地形图既是重要的国家机密图件，必须按照国家的相关法规依法使用，使用者应承担相应的保管责任。地形图也是野外地质工作者的向导和野外收集原始资料和最终地质成果的重要载体。

地形图上地形的起伏变化通常用等高线来表示。等高线具有以下几个特点：①同线等高；②自行封闭；③在同一张地形图内，相邻两根等高线之间始终存在一个恒定的垂直高差值，即等高距。因此等高线不能相交，不能合并（除悬崖、峭壁外）。在地形图中不同地形的等高线所表示的疏密和弯曲样式不同。以下是一些典型地形的等高线表示方法（图4-1）。

图4-1　山峰、山谷、山脊、鞍部、绝壁、山坡及河谷的地形（左）与地形图（右）比较识别（据程捷等，1997）

山峰：等高线表现为一组近似于同心状的闭合曲线，且等高线的高程注记从里向外数据依次递减。

盆地（洼地）：等高线表现为一组近似于同心状的闭合曲线，且等高线的高程注记从里向外数据依次递增。

山脊、山谷和山坡：山脊等高线表现为一组向递减方向凸出的曲线，每一条等高线改变方向处的连线就是山脊线。山谷与河谷的等高线表现为一组向递增方向凸出的曲线，曲线改变方向处的连线就是山谷线。山谷和山脊之间的侧面就是山坡，等高线表现为一组近于平行的曲线。

鞍部：两山头之间的低洼处，形似马鞍，称为"鞍部"，其等高线特征是一组双曲线。

绝壁：从实际地形来看，它是近于直立的垂直面，由于不同高程的等高线经垂直投影后合而为一，故只能用规定的绝壁符号表示。

陡坡和缓坡：陡坡等高线距较密，而缓坡则相反，等高线距较稀。

2. 读地形图

地形图是野外作业必备的基础资料，用好地形图首先要读懂地形图上的内容。读图目的是为了了解、熟悉工作区的山川地貌和道路村庄的分布情况，以便制订出适合该地区野外地质工作的计划和路线。读好图既能保证野外地质工作的安全，又有利于保证野外地质工作的质量，取得最大的工作效果。读地形图的一般原则是：先图框外，后图框内。其步骤如下：

读图名：图名位于图幅的正上方，通常是以图内最重要的地名来命名，如某地区1∶5万地形图就被命名为《周口店幅》。

了解比例尺：从比例尺可以了解图幅面积的大小、地形图的精度及等高距，比例尺一般用数字或线条表示。

地形图的图幅位置：地形图上坐标纵线表示地理南北方向，纬度线表示地理东西方向，从图幅上所标注的经纬度可以了解地形图的地理位置。在图幅的左上角标有接图表，表示与相邻图幅的相邻位置关系。

读磁偏角：在不同的地区有不同的磁偏角。在开始野外地质工作前，首先要校正罗盘的磁偏角，以便罗盘测出的方位与实际的地理方位一致。

读图例：图例一般标在图框的右侧，用不同的符号表示图内不同的地形、地物或特殊标志物。

了解绘图时间：一般标注在图框外的右下角。伴随制图技术的发展，时间越晚，图件制作的精度越高。

3. 地形图的应用

地形图在野外地质工作中主要起到以下几个方面的作用。

布置观察路线：布置野外地质观察路线既要考虑到地质内容，也要考虑到地形情况。地形的陡缓将直接影响地质露头的好坏、徒步穿越的可能性和安全性。陡壁、河谷、公路旁常常有较好的露头，是野外地质工作常往的地方。尽管如此，还是应当尽量从它们的旁边选择地质露头好、便于步行、又省力的观察路线。

标注地质观察点:在进行野外地质工作时,除了对野外观察到的地质现象要进行详尽的文字描述外,还要记录观察点的位置并标注在地形图上,这种操作就叫定地质点。在野外定地质点是科学地质工作程序中最基础的工作,否则失去地质点支撑的地质记录将毫无价值。在野外地质工作中常用的定点方法有两种,它们是地形地物定点法和后方交会定点法。

(1)地形地物定点法就是根据观察点与在地形图上标注的特殊地形、地物的相对位置关系确定观察点位置的方法。该方法简单、准确、便捷,是野外地质工作常用的定点法。

(2)后方交汇定点法常用于观察点附近没有明显的地形地物标志的时候。其方法是:观察者首先瞭望可以搜索到的所有明显的标识物(如山头、三角点、建筑物等),然后在图上读出标识物在图中的位置,选择其中易于测量和作图的两个标识物 A、B 及其在地形图上的位置 A'、B',用罗盘测出标识物 A、B 的方位角 α 和 β,在地形图上分别以 A'、B'、D' 表示(图 4-2)。

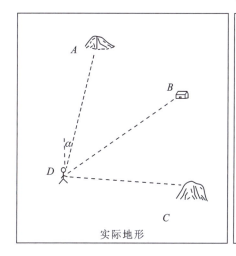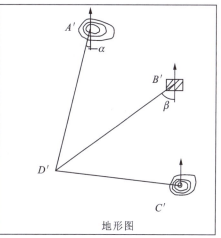

图 4-2 后方交汇定点法示意图(据程捷等,1997)

利用地形图制作地形剖面:在野外路线地质工作中,为了形象地表达观察到的地质内容,常常要做一些信手地质剖面图。制作这类图件可以在地形图上读出预定的地质路线,按照设定的比例尺在野外记录簿方格纸页上作出图切地形剖面,作为野外观察和修正的基础图形。在野外作业中,再根据实际地形做出修正并把观察到的地质内容对应地绘制到地形剖面图上,就制作成一幅信手地质剖面图。

根据地形图编绘地质图:有关利用地形图作为底图编绘地质图的知识将在后续课程和野外地质实践教学中学习和训练。

二、罗盘的使用方法

地质罗盘(简称罗盘)是地质工作者野外地质工作中必备的工具,借助它可以测量方位、地形坡度、地层产状、定地质点等,因此每一位地质工作者都应熟练掌握罗盘的使用方法。

1. 罗盘的结构及功能

罗盘的式样很多,但结构基本是一致的。我们常用的罗盘是八角罗盘,由磁针、刻度盘、瞄准器、水准器等组成(图4-3),其主要功能如下。

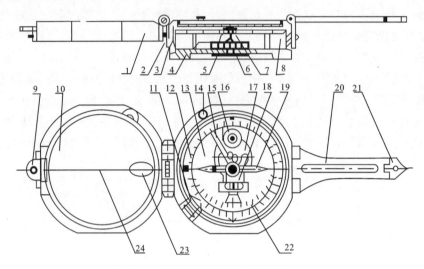

图4-3 罗盘结构示意图(据程捷等,1997)
1.上盖;2.联合合页;3.外壳;4.底盘;5.手把;6.顶针;7.玛瑙轴承;8.压圈;9.小瞄准器;10.反光镜;11.磁偏角校正螺丝;12.圆刻度盘;13.方向盘;14.制动螺丝;15.拨杆;16.圆水准器;17.测斜器;18.长水准器;19.磁针;20.长瞄准器;21.短瞄准器;22.半圆刻度盘;23.椭圆孔;24.中线

磁针(19):为一两端尖的磁性钢针,安装在底盘中心的顶针上,可自由转动,用来指示南北方向。由于我国位于北半球,磁针两端所受磁场吸引力不等,为求磁针受力的平衡,生产商在磁针的指南针端绕上若干圈铜丝,用来调节磁针受力的平衡,同时也可以借此来标记磁针的南、北针。

圆刻度盘(12):也称水平刻度盘,用来读方位角。在测量时,由于地形地物是搬不动的,而测量操作时磁针也始终指向南北。测量者只能转动罗盘,当罗盘向东转时,磁针相对向西偏转。故罗盘刻度盘度数标注按逆时针方向刻注度数,这样就可以从刻度盘上直接读出实际的地理方位。

半圆刻度盘(22):也称竖直刻度盘,刻在罗盘的方向盘(13)上,用来测量倾角和坡度角。半圆刻度盘以水平为0°,以垂直为90°。

长瞄准器(20)和小瞄准器(9):在测量方位角时用来瞄准所测物体,使被测物体、长瞄准器或小瞄准器和观察者三点在一条直线上。

反光镜(10)、椭圆孔(23)和中线(24):反光镜起映像作用,椭圆孔和中线用以瞄准被测物和控制罗盘,以控制测量的精度。

圆水准器(16)和长水准器(18):前者用来保持罗盘水平;后者用来指示测斜器(17)保持铅直位置。

制动螺丝(14):起固定磁针作用,以保护顶针,减少磨损。

磁偏角校正螺丝(11)：用来转动刻度盘，校正磁偏角。

2. 罗盘的用途

校正磁偏角：由于地球的磁南北极(或磁子午线)与地理的南北极(或真子午线)不相重合，产生磁子午线与真子午线相交，其交角称该地的磁偏角(图4-4)，地球表面各地的磁偏角都不一样。我国大部分地区的磁偏角都是向西偏，只有极少数地区(如新疆)是东偏。用罗盘测出的方位角是磁方位角，而地形图采用的是地理坐标，为了能够从罗盘上直接读出地理方位角，在一个地区工作前先要根据地形图提供的磁偏角对罗盘进行校正。磁偏角的校正方法如图4-4所示，如磁偏角向西偏时，用小刀或起子按顺时针方向转动磁偏角校正螺丝，使圆刻度盘向逆时针方向转动磁偏角度数即可。若地形图上提供了子午线收敛角(即图面坐标纵线与真子午线的夹角)，则在校正时再加上这个角(图4-4)。

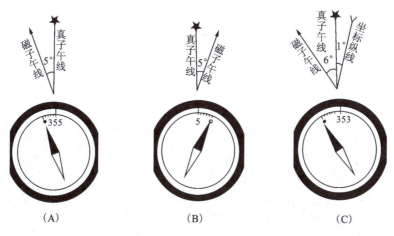

图4-4　罗盘磁偏角的校正(据程捷等，1997)
(A)磁偏角西偏5°；(B)磁偏角东偏5°；(C)北戴河的磁偏角

测量方位角的步骤：①打开罗盘盖。②旋松制动螺丝(14)，让磁针自由转动。③手握罗盘如图4-5所示，并置于胸前，保持罗盘水平。④罗盘长瞄准器对准物体。⑤转动反光镜，使物体和长瞄准器都映入反光镜，并从反光镜观察到物体、长瞄准器上的短瞄准器的尖端与反光镜中线重合，此时须稳定姿势等待磁针稳定即可读数。⑥按下制动螺丝，读取方位角数据。

测量岩层产状要素：岩层的产状要素包括走向、倾向和倾角。测量走向时，将罗盘的平行于长瞄准器的边与岩层面紧贴，然后慢慢转动罗盘，使圆水准器气泡居中，磁针停止摆动，这时磁针所指度数即为岩层走向。测量倾向时，将罗盘上盖或与上盖靠近的底盘的边与岩层面紧贴如图4-6(A)所示，然后慢慢转动罗盘，使圆水准器气泡居中，磁针停止摆动，这时"北"磁针所指度数即为岩层倾向。当测量完倾向后马上把罗盘转动90°如图4-6(B)所示放置，使罗盘的长边紧靠岩层面，转动罗盘底盘面的手把，使罗盘水准器(长水准器)气泡居中，这时测斜器上的游标所指的半圆盘上的度数即为倾角度数。若岩层的上层面出露情况不佳，可以通过测量岩层底面而获得产状数据：将罗盘反光镜的北面紧贴岩层底面[图4-6(C)]，并左右转动，使圆形气泡居中，磁针停止摆动后，读罗盘的"南"针读数即为岩层倾向，测量岩

图 4-5 测量方位角(闭向阳摄于 2018 年)

(A)当观测物体等于或高于观察点所在位置时所用姿势,调节圆形水准器气泡居中,从镜子中看到观察对象与长瞄准器、镜面上的中缝重叠;(B)当观测物体低于观察点所在位置时所用姿势,通过镜子观察圆形水准器使其气泡居中,视线通过长瞄准器中缝、椭圆孔中缝与观察物体重合

层底面倾角方法类似,如图 4-6(D)所示。由于走向与倾向的度数差为加减 90°,因此在实际操作时只需要测量倾向和倾角即可。若被测岩层的层面凹凸不平时,可把野簿置于岩层表面上当作平均岩层面以提高测量的准确度和代表性。

图 4-6 使用罗盘测量岩层产状的方法(闭向阳摄于 2018 年)

(A)测量上层面倾向(读北针);(B)测量上层面倾角;(C)测量下层面倾向(读南针);(D)测量下层面倾角

测量地形的坡度：地形的坡度是指地形的起伏面与水平面的夹角。测量坡度的方法是：在测量坡度区段的两端各站一人手握直立张开的罗盘；长瞄准器指向测量者的眼睛（图 4-7）。视线从长瞄准器通过反光镜的椭圆小孔，瞄准被测人的头部，并使短瞄准器尖端与椭圆孔中线重合，转动底盘面上的手把，使罗盘水准器（长水准器）气泡居中，这时测斜器上的游标所指的半圆盘上的度数即为地形的角度数。

图 4-7 使用罗盘测量坡角的方法（何博文摄于 2018 年）
视线与瞄准器中缝、椭圆孔上的中缝与观察对象重合，通过镜子观察长水准器，通过右手拨动罗盘底部马蹄形把手，使长水准器的气泡居中，最后读半圆形刻度盘的数据

半圆形刻度盘读数：地质罗盘的半圆形刻度盘比较复杂，除了 90-0-90 的刻度盘外，还包括其外侧的 100-0-100 范围的刻度盘，以及悬锥上 60-0-60 的刻度盘，这三者的作用以及如何读数如下：

(1) 倾角、坡角读数方法：结合悬锥上的 60-0-60 刻度盘能够将读数精确到分。坡度和倾角测量结束后，首先看 60-0-60 刻度盘上"0"刻度对应 90-0-90 刻度盘上的数字，这个就是倾角的度数。然后，寻找 60-0-60 刻度盘上的刻度线和 90-0-90 刻度线重合最好的那条，那条线在 60-0-60 刻度上的读数即为分数。例如图 4-8 所示的倾角读数为 $39°40'$。

(2) 坡度读数：100-0-100 的刻度盘是用于坡度读数。坡度是指坡面的铅直高度 h 和水平宽度 l 的比值，用字母 i 表示，常用百分数表示，即：$i=h/l×100\%$。坡面与水平面的夹角叫作坡角（$α$），坡角表示一个角，坡度表示这个角的正切函数，二者的区别是明显的，它们的关系是：$i=h/l=\tan α$（$α$ 为弧度角）。

图 4-8 垂直刻度盘读数范例

图 4-8 中,当坡角为 39°40′时,60-0-60 刻度盘上的"0"刻度线在 100-0-100 刻度盘上的读数为 82.5 左右,即坡度为 82.5%,它代表水平距离变化 100m 时,垂直高度的变化为 82.5m。这样我们在野外只要测出坡角,就可以直接判断 100m 内地形垂直高度变化了。

这个 100-0-100 刻度盘只分布在坡角 45-0-45 度范围内,当坡角大于 45°时怎么办呢？此时只需要看坡角的余角（即用 90 减去实测坡角）对应的坡度值,然后把垂直距离和水平距离的关系颠倒一下就行。比如,我们观测到的坡角为 50°20′,那么它的余角是 39°40′,前面已经说过,39°40′对应的坡度为 82.5%,那么坡角为 50°20′的坡度变化代表垂向高度变化 100m 时,水平距离变化 82.5m。

三、放大镜的使用方法

手持放大镜是野外地质工作必备的工具之一,通常使用的放大镜有放大 5 倍、放大 5~10 倍和放大 10~20 倍 3 种类型。放大倍数越大的放大镜,其镜片的曲面半径愈小,焦距愈短,景深也愈小,只有把放大镜置于非常靠近眼睛的位置才能清晰地看到放大了的现象,因此必须正确地掌握放大镜的使用方法。使用放大镜观察岩石、矿物、生物化石及其结构和构造时,一般左手持需要观察的标本,右手的大拇指和食指夹持打开的放大镜,右手的中指轻轻地压在被观察物表面上,始终与左手呈不离不弃之势(图 4-9)。同时移动左右手,使放大镜靠近眼睛至看到放大的现象为止,与此同时可微微弯曲中指,调节放大镜与观察物之间的距离即可得到最佳稳定、清晰放大后的现象。

图 4-9 使用放大镜的正确方法示范（吴思摄于 2015 年）

第二节 野外记录簿的使用和地质绘图

一、野外地质记录中文字描述

1. 野外记录簿的构成和使用规范

野外记录簿是野外地质工作用来记载原始资料的最重要的载体，地质工作人员有责任将观察到的各种地质现象客观、准确、清楚地记录在专用的野外记录簿上。野外记录的质量直接关系到地质工作成果的质量，也直接反映了地质工作人员的科学态度和工作作风。

野外记录簿（简称野簿）是由主管部门专门提供的只作为野外作业时使用的记录簿。它有 50 页本和 100 页本两种基本规格。野簿的内封皮是责任栏目，每一本野簿在开始使用前都应按要求明确无误地填写内封皮上的各个栏目，既明确使用人的责任，同时也为查找提供方便。野簿的第 1、第 2 页为目录页，目录页通常可随着野外工作的进展，边记录边编写目录；也可以在该野簿使用完毕后一次编写。野簿的 3~50 页或 100 页为记录页。簿尾附有常用三角函数表、常用计算公式和倾角换算表。中国地质大学统一制订的野簿记录页划分为文字描述页和方格坐标纸页。文字描述页有 4 个功能区。

页眉区：位于文字描述页上方，专用于记录工作当日的地点、日期和天气情况。

左侧批注栏：位于文字描述页左侧的竖直通栏，用于编录当日目录或注释。

文字记录栏：位于文字描述页中部，占据最大区域，记录描述文字。

右侧批注栏：位于文字描述页的右侧，用于记录样品、照片编号，或者补充、修订等文字。

方格坐标纸页用于野外绘制各种图件,用以配合、补充文字描述,可以更客观全面地反映观察到的地质现象。

野外记录簿要求用"2H"铅笔书写。在野外记录过程中,必须先仔细观察,再做记录;做到边观察,边测量,边记录。少记或者回到室内后凭印象补记,或者不用铅笔记录都不符合要求。野外记录簿在项目工作结束后,应及时上缴档案部门保管,不得涂改、缺页,更不能遗失。

2. 野外编录

地质工作项目涉及的范围大,工作期间长,一个地质研究项目往往需经一至数年,且由多个作业组合作完成。因此在一个野外地质项目开始之初,首先应当制订完善的野外地质编录规划和野外地质编码分配方案,以保证全部野外地质记录的完整、清晰、有序,避免因事后发现野外原始记录编录的混乱而出现的不应有的损失。

在野外地质工作中,需要进行统一编录的类别很多,比较常用的类别有野外作业种类编录(如路线、地质点、剖面……),采集标本类(如化石、岩石、矿物……),分析样品类(如岩石薄片样、光片样、化学分析样、重砂样……)。在野外地质工作过程中,因新的工作内容需启用新的编录号时,应及时通知各作业组和全体技术人员,不得擅自启用新的编录类别及序号。

目前野外地质工作还没有统一的野外地质编录规范,但部分野外作业的编录方式在地质行业中已经成为了一种约定俗成的习惯,如编码代号一般为编码名称的首字汉语拼音的第一个字母的大写,或该编码名称的英文单词第一个字符的大写,以阿拉伯数字或罗马字的大写数字为序号。如两个编码代号的首字为相同拼音字母时,则应将编码名称的首字汉语拼音的第二个字母的小写字符附加在大写字符之后。如地质点的编码代号可为"D/NO.",地质剖面的编码代号规定可为"P"。现将常用编码代号简介如下:

编码类别	编码代号	注释
路线	L2	第二条观察路线
地质点	D015	第十五个地质点
	NO.015	同上
地质剖面	PⅡ	第二号地质剖面
化石	H-PⅡ-1-3	第二号地质剖面第一层第三块化石标本
	F-PⅡ-1-3	同上
矿物	K-PⅡ-1-3	第二号地质剖面第一层第三块矿物标本
岩石	Y-PⅡ-1	第二号地质剖面第一层岩石标本
	R-PⅡ-1	同上
岩石薄片	B-PⅡ-1	第二号地质剖面第一层岩石薄片鉴定样

综上所述，制订统一的野外编码及序号，并把它分配到个人或作业组是野外地质工作前期准备工作的重要环节之一。在野外作业期间对野外编码的使用还需要严格管理，有序使用。轻视或忽略地质编码规则的野外地质作业都可能导致地质记录的混乱，致使大量原始记录被迫废弃，结果造成野外地质工作人力、物力、财力和时间的损失。

3. 文字记录格式

野簿上的文字记录是野外地质工作记录的原始资料，它不仅是本期地质工作使用者本人要经常查阅的基础资料，同时也是地质工作一切结论的最原始的证据。因此，野外地质记录在野外工作结束乃至在野簿归档以后还会继续提供给他人审阅或查对；野簿的记录一定要遵循一定的格式，使之规范化。现将常用的野外记录格式简要介绍如下（图4-10）。

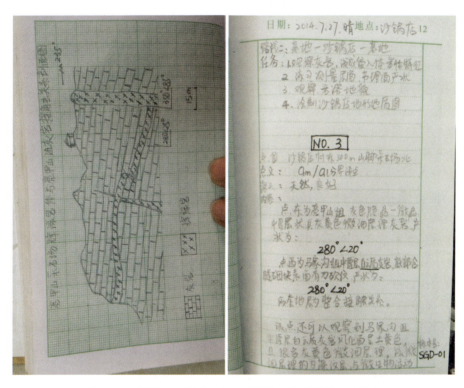

图4-10 野外记录簿中文字记录页和方格纸页的记录格式

（1）文字记录的开启部分。

①每天的野外作业开始前应在当日记录的首页页眉区填写当日的日期、天气及作业地点。

②在文字描述区第一行依次写明路线号、路线编码号、路线或剖面名称。

③另起一行写明路线或剖面经过的主要地点，注意在这里所列举的地点一般应当是在地形图上已经被标出地名的地点。

④另起一行写明参与当日工作的技术人员，明确责任。

⑤另起一行记录当日野外作业的任务。

(2) 定点描述内容。

观察点是野外进行详细观察的地点。通常选择在重要地质界线的出露点,如地层、构造、地貌等界线的出露点。利用地形、地物或后方交汇法在地形图上确定地质点的位置,并用直径2mm的小圆圈清晰地标注在地形图上,同时将地质点序号标注在小圆圈旁边。完成以上工作程序后即可进行以下文字描述操作。

①地质点编号:另起一行在行内居中画一个长方形框,在框内记录地质点号。

②点位:另起一行简述确定该地质点的依据。

③点义:另起一行简述定点观察的地质意义。

④观察内容:另起一行首先将沿途所观察到的各种地质现象及其变化客观、准确、清楚地记录在野簿上,然后记录本点所见的各种地质现象。

(3) 各类数据记录格式。

野簿记录规定:各类实测的产状数据和野外发现的生物化石名称都必须另起一行单独记录。采集的各类标本的编号可单独记录一行,也可标注在右侧的批注栏内。

(4) 补充与修正。

野外地质记录在离开记录的地质点后,记录正文是不能涂改的。如若在后来的室内研究中有新的资料需要对野外记录给予补充或修正时,补充或修正的内容可批注在左侧或右侧的批注栏中。

二、地质素描图及绘图技巧

野外地质现象具有鲜明的个性,复杂的地质作用使得我们在野外几乎找不到两个几何形状完全一致的野外地质现象。正因为如此,我们才能感觉到地质工作的无穷魅力,并产生永无止境的探索欲望。地质现象的几何形状是不可能通过"文字描述→阅读→理解→重新绘制"这样简单的程序克隆出来的,它只能通过实地照相或绘画的方式才能记录下来。因此,在野外地质作业时,为了清晰、形象地把观察到的地质现象表示出来,常常采用照相或绘制各种图件来补充描述。野外绘制的图件,因为受到条件的限制,通常是用铅笔绘制再现地质现象的素描图或者示意图。

1. 绘图步骤

取景:取景的作用是协助提取地质现象,引导正确的布局。对于初学者,取景还可以帮助他们正确地把地质现象变化的要点投影到坐标方格纸上。野外作业随身携带的可以作为取景器的工具很多,如直尺、卷尺、铅笔、地质锤等都可以方便地用来作为取景器。图4-11是用铅笔和手做取景器的示范。

测量方位:用罗盘的长边平行于所绘画面主体地质现象或地貌的延伸方向即可量出素描图的方位。

绘图:地质素描图规定应绘制在坐标方格纸上。绘图之前应根据绘制地质现象的复杂程度确定图面的大小,一般原则是在清楚、美观地表达全部地质内容的前提下尽可能地确定一个相对小的合适的图面范围。初学者可能比较难以掌握,但只要多练习就会熟能生巧。地质素描图可以是有框素描图,也可以是无框素描图,或是半框素描图,采取何种形式以绘制人的审美情趣而定,并无定式。

图 4-11　手指取景框(左)和铅笔取景法(右)(何博文摄于 2018 年)

选择合适的位置书写图名和绘制图例:一个完整的图名应该冠以素描图所在地的县/市、乡/镇、行政村和地形地物名称,便于他人查对和使用。

估算比例尺:地质素描图通常不能在事先确定比例尺的情况下绘制,它的比例尺是在素描图绘制完成后根据图面大小与露头的实际大小估算出来的。估算的方法大致有两种:第一种方法适用于可以用尺子直接度量的小型露头,可根据丈量所绘现象某部位的长度与图形中相应部位所占坐标方格纸的多少直接换算出素描图的比例尺。第二种方法适用于不可能直接迅速丈量的大型地质现象出露区,其方法是首先在地形图上将所绘素描图的位置,用直尺根据方位截取所绘现象某部位的长度,按照地形图的比例尺换算出实际长度,再与素描图中相应部位所占坐标方格纸的多少比较换算出素描图的比例尺。

为了能够简便易行地获取一份素描图,建议采用如下程序:

(1)根据取景范围估算比例尺,确定素描图在坐标方格纸的位置,并把地质现象变化的要点投影到坐标方格纸上。

(2)连接相关要点勾绘图形轮廓。

(3)重点表示需要突出的地质现象的点或线。

(4)填绘特定的符号和代号。

(5)图面修饰,使素描图更清晰美观。

(6)标注方位、图名、图例和地物名称。

2. 地质素描图类型

断面素描图:断面素描图是以特定的符号和代号为主要构件的一种相对简约的地质素描图。这类图件比较适合于绘图基础相对较弱的作者者。制作这类图件的原则是把所要表达的地质现象水平投影到平行于素描图方位的理想铅垂面上。制作时只要把相邻地质体的界线勾绘清晰,充填上特定的符号和代号,估算出比例尺,标出方位、图名、图例和地物名称即可完成。断面素描图简洁明了、重点突出、无干扰因素且简便易行,在地质素描绘画中,是应用最广泛的一类(图 4-12)。

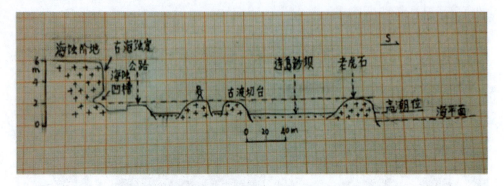

图 4-12　李长安教授手绘北戴河老虎石公园地形剖面示意图(2015 年)

景观素描图:以铅笔线条为主要表现手法画出相邻地质体的三度空间关系的地质素描图称为景观素描图。景观素描图具有明显的立体感,与绘画的地质体有较好的镜像关系,便于识别,它比较适用于宏观地质现象的素描图制作。绘制景观素描图的难度相对于断面素描图要大得多,需要由简入繁,循序渐进,只要多加练习就能取得理想的效果。图 4-13 是四川省鲜水河河漫滩与河谷的景观素描图。

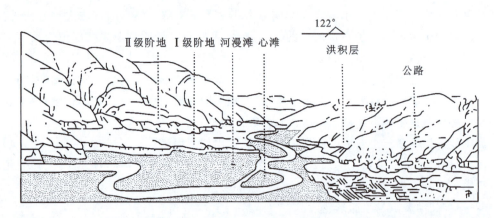

图 4-13　四川省鲜水河河漫滩与河谷的景观素描图(据李尚宽,1982)

平面示意图:平面示意图是把地质现象垂直投影到水平面而绘制的素描图。平面示意图旨在表示地质内容的相对位置关系,图 3-18 是秦皇岛市北戴河老虎石-连岛沙坝平面示意图。平面示意图的做法比较简单,首先按需要表达的地质内容选取绘图范围,根据要表达的地质内容的复杂程度确定图面相对大小,用取景方法正确地把地质现象变化的要点投影到坐标方格纸上;然后连接相关接点勾绘地质界线,填绘特定的符号、代号或注释,估算比例尺,标出方位、图名、图例和地物名称即可完成。

信手地质剖面图:信手地质剖面图是把路线地质观察所收集到的地层、构造及地层接触关系等地质现象实事求是地反映在地形剖面图上构成的图件。由于剖面图上表达地质内容的相对距离根据目估、步测或图切度量的方法获取,非实地测量数据,故称为信手剖面图。信手地质剖面图中的地质内容必须真实可靠,可以适度地简化复杂的地质现象,突出主体内容,删除次要信息使图面地质内容更清晰明确,但不可虚构,更不能画蛇添足。

信手地质剖面的制作步骤如下:

(1)在地形图上读出预定的地质路线,按照设定的比例尺在野外记录簿方格纸页上做出图切地形剖面,作为野外观察和修正的基础图形。

(2)根据沿途观察及步测或目测按比例尺标出地层界线、断层和重要地质界线的分界点。根据剖面图方位和产状用量角器画出地层、断层和其他需表示的地质界线,界线长一般为1.5~2.0cm。

(3)平行地层界线填绘地层的岩性花纹(长度一般为1~1.5cm)、岩层序号和地层代号。

(4)将测量的产状和采集的标本标注在剖面图上与测量或采集地点相对应的位置。

(5)标注比例尺、剖面图方位、图名、图例和地物名称(图4-14)。

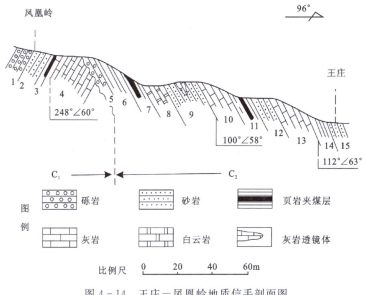

图4-14 王庄-凤凰岭地质信手剖面图

三、室内整理

野外收集的原始记录在回到基地以后应当及时进行室内整理。室内整理的任务是补充因为天气的突然变化没有来得及记录的部分内容,查找是否有漏记、错记,及时补充或修正。注意:室内整理时补充、修正的记录只能记在左侧或右侧的批注栏内,并注明"补充"或"修正"等字,避免与描述正文混淆。室内整理的另一项工作就是要把野簿上记录的产状、标本、岩层厚度等数据类记录和地质素描图全部上墨。上墨的方法是用绘图笔沾绘图墨水或碳素墨水笔按野外的铅笔线条逐一填写或勾绘,以便永久保存。

第三节 地质标本采集

1. 地质标本采集目的和意义

地质工作分野外调查和室内研究两大部分。野外广阔的岩石露头给我们展示了丰富的地质现象。然而,很多地质现象需要进行进一步的室内研究,才能更深入地弄清地质过程的实质。为此,野外标本的采集成为连接野外调查和室内研究的极为重要的一个中间环节。能否采集到新鲜的具有代表性的标本是下一步室内研究能否取得准确结果的重要前提条件。特别是在地球化学研究中,有时不同的人往往会对同一层位、同一类型的岩石研究得出差别很大的测试结果。究其原因,除了仪器等测试误差外,标本新鲜度和代表性上的差异往往是造成测试结果差异的主要原因。

野外工作期间,由于受到时间、条件、野外作业人员知识水平的限制,尚有许多地质现象在野外用肉眼是观察不到的,或者是受知识能力的局限还需室内深入研究的现象,或者是在野外发现的、重要的、经典的或珍贵的地质现象和地质作用的产物(如奇异的岩石、绚丽的晶体、保存完整的古生物化石等)都应尽可能采集成标本,供室内分析鉴定或公开展示。

2. 标本种类和合适样本的选择

地质标本种类多样,按研究目的的不同可分为观赏性标本和鉴定分析性标本。观赏性标本的目的是展示肉眼可见的代表性岩石、矿物、化石及构造等地质现象。鉴定分析性标本的目的是为了下一步室内的进一步研究、鉴定或分析测试。

野外标本采集有两个原则:

(1)用于室内鉴定分析用标本,则强调采集标本的代表性,并一定是从新鲜的、未风化的地质体上敲打下来的;有特殊要求的除外。

(2)对于在野外发现的、重要的、经典的或珍贵的地质现象和地质作用的产物作标本,采集作业时则要求完整性。

由于研究目的的不同,标本的选择和要求也有所不同。观赏性标本的选择一般容易把握,只要把最具观赏性的部分采下来即可,而鉴定分析性标本的采集则需要做一定的分析和取舍。

用作鉴定的化石标本的选择较简单,一般选择尽可能完整的标本即可。但需要注意的是,化石标本尽可能多采,因为单一化石有时在确定地层年代时精度不够,更多的化石种类为确定地层时代提供了多方面的参考。另外,多门类化石也有利于地层的古生态研究。

岩石薄片标本的选择要注意两个方面,一是新鲜度,二是代表性。岩石表面遭受风化的程度往往较深,很多矿物和结构构造都遭受不同程度的变化,因此要尽量避开。另外,同一层位岩石或同一岩体在不同部位其矿物组成和结构构造上多少存在一些差异。因此,必须选择最能代表岩石整体特征的部位采样。

分析测试样品主要用于地球化学分析,其要求更高。用于化学分析的样品一般包括岩浆岩、变质岩、化学或生物化学成因的沉积岩，如碳酸盐岩、磷质岩、硅质岩、深海黏土等。除特殊情况外，一般机械沉积的碎屑岩不适合做地球化学分析。有些化学或生物化学成因的沉积岩（如碳酸盐岩）除考虑风化影响外，还要注意后期成岩作用对岩石成分和结构的改造。因此，选择碳酸盐岩标本时一定要仔细观察分析。一般情况下，如果要分析碳酸盐岩的原始沉积物的地球化学组成，除选择新鲜样品外，还应尽量避开后期的方解石晶洞和方解石脉。

一般情况下，野外地质工作区内出露的所有岩性层都应采集岩性标本，以便在室内进一步观察、分析、定名等。

3. 野外采集地质标本的基本方法

一般标本采集使用地质锤，有些情况下则必须借助于钢钎，甚至便携式切割机。标本的采集一定要选择合适的打击面，否则不但打不下标本，还容易使标本遭受破坏。另外，无论是观赏性标本还是鉴定分析性标本，采集前均应对其产出状态、产出层位进行野外描述和记录。必要时进行照相或素描，以免采集过程中因遭到破坏而使有些现象无法恢复。

一般岩石标本采集没有特殊的讲究，只要能采下来即可。化石标本采集时有所不同，应尽可能地沿层理面用力敲打和剥离。因为古代生物死亡后一般沿层理面保存，尤其是地层顶、底面位置往往是化石保存最多的地方，需特别注意。

4. 标本规格、原始数据记录、标本包装和运输

标本的规格也因研究目的的不同而不同。观赏性标本因观察现象规模大小不同，其规格可相差很大。化石标本也没有确定的规格，以尽可能完整为原则，但也最好附带一些围岩。岩石薄片标本的传统规格长×宽×高为 9cm×6cm×3cm。尽管在实际采集时这种规格不易把握，但应注意所采的标本形态应尽量接近一小的长方体。长方体的厚度一般要3cm以上，这样在室内容易切片。其他标本也均应有一定的厚度，不能太薄，否则在搬运途中很容易破碎而前功尽弃。

在测量制作地层剖面图时，规范要求按野外地层分层进行逐层采集。采集的标本应当即按规定的编码和分配序号进行现场编号，并用记号笔将编号写在标本上，或先在标本上贴上1cm宽的胶布条，再用圆珠笔把编号写在胶布条上。作业簿上另起一行或在右批注栏相应的部位登记标本编号，填写样品采集单（标签）（图4-15）。

标本采集好后，均应用记号笔对其编号。编号常常按地名拼音的首字母开头后跟标本顺序号，也有人用日期后跟标本顺序号来编号。不管哪一种编号方式，标本上的编号均应在野簿上做相应的记录。标本的包装应以保证标本完好无损为前提，包装纸应当采用具有韧性和柔软的绵纸。包装时应先把样品采集单折叠成小条，用包装纸卷1~2层，然后再包住标本，这样标本和标本采集单就跟随在一起了。

标本采回后，在基地还需要进行室内整理，整理内容包括在标本的右上角涂上油漆，协商编号；进行标本登记，内容为岩石名称、用途、采集地点、所属时代、采集时间、采集人等。完成上述工作后即可再次包装分类装箱运输。装箱最好用木箱，若用纸箱，则每箱标本不宜太重，以免箱子散架。装箱时要使每箱标本均填实，尽量减少空隙，以免晃动磨损。

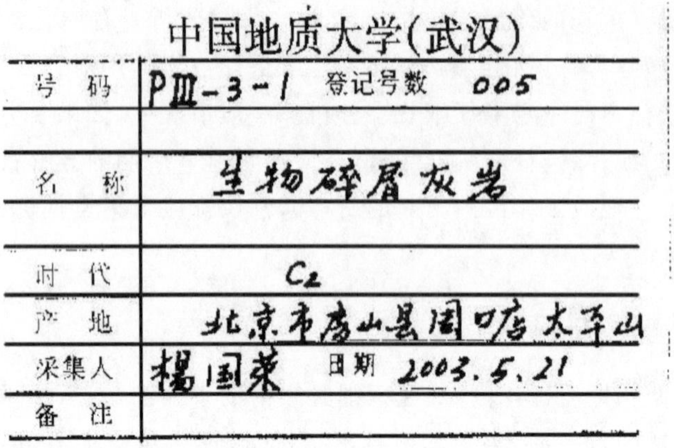

中国地质大学(武汉)

号　码	PⅢ-3-1　登记号数　005
名　称	生物碎屑灰岩
时　代	C_2
产　地	北京市房山县周口店太平山
采集人	楊国荣　日期　2003.5.21
备　注	

图 4-15　样品采集单样式之一(据肖劲东,2004)

第四节　沉积岩与岩浆岩的野外鉴定方法

一、常见岩石野外鉴定一般方法

自然界出露的岩石按其成因可分三大岩类:沉积岩、岩浆岩和变质岩。它们是组成地壳的主要岩石类型,是各种地质作用发生的物质基础。每一种类可进一步细分为不同的岩石类型,具有不同岩石学名称。如何在野外正确识别这些常见的岩石类型是每一位地质工作者必备的基本技能,也是北戴河地质认识实习所要达到的基本教学要求之一。

野外鉴定岩石的基本方法大致分以下 3 个步骤进行。

(1)首先观察岩石的露头特征和构造面貌,初步判断岩石的大类(沉积岩、岩浆岩或变质岩)。

(2)其次根据岩石的结构面貌和主要矿物组成,基本确定岩石的类型(三大岩类的细分)。

(3)最后根据岩石的产状和接触关系,确证岩石的最后定名。命名通常遵循颜色、厚度、特殊结构构造、岩石类型的顺序依次确定,例如青灰色厚层竹叶状灰岩,或者肉红色斑状正长岩等。

北戴河地质认识实习主要观察沉积岩和岩浆岩,因此这里主要介绍这两类岩石的野外鉴定和描述方法。

二、沉积岩野外鉴定和描述方法

首先,从宏观上是否存在呈层性可以判断是否为沉积岩,然后,通过结构、构造和物质组成进一步区分沉积岩的具体类型(表 4-1)。

表 4-1 沉积岩分类

它生沉积岩		自生沉积岩	
陆源碎屑岩	火山碎屑岩	碳酸盐岩	其他自生沉积岩
砾岩（>2mm） 砂岩（2~0.05mm） 粉砂岩（0.05~0.005mm） 泥质岩（<0.005mm）	集块岩（>64mm） 火山角砾岩（64~2mm） 凝灰岩（<2mm）	内碎屑灰岩 生物碎屑灰岩 鲕状灰岩 生物灰岩 灰岩 白云岩	硅质岩 磷质岩 铁质岩

1. 沉积岩的颜色

沉积岩的颜色不仅是岩石的表面现象，还是其物质成分、形成时的气候和介质条件等方面的重要特征。因此，对颜色成因的研究有助于了解沉积岩和沉积矿产的形成环境及其形成后的变化。

沉积岩的颜色包括继承色、自生色和次生色3种不同的成因。

继承色，即碎屑物质固有的颜色，取决于他生碎屑继承矿物的颜色，如以灰白色石英碎屑为主的时候，岩石整体呈现灰白色。

自生色，即沉积岩形成的早期阶段出现的新生矿物的颜色。这种颜色多是化学沉积和生物化学沉积岩的特点，如石灰岩的灰白色、含海绿石砂岩的绿色等。

次生色，即沉积岩形成以后受次生变化而产生的次生矿物的颜色。这种颜色多半由氧化或者还原作用、水化作用或者脱水作用以及各种化合物带入或带出等引起。

在野外描述岩石颜色的时候要注意：准确描述岩层颜色色彩，可以用复合名称，如深紫红色、土黄色、浅灰绿色等；分辨新鲜面的颜色和风化面的颜色，新鲜面往往由继承色和自生色决定，而风化面往往受次生色的影响；描述岩层中与层理、透水性、裂隙有关的颜色分布性质。

2. 沉积岩的结构

岩石的结构指组成物质的颗粒形状、大小、结晶程度及相互排列方式。主要有两类，为碎屑结构和非碎屑结构。

（1）碎屑结构。

岩石中的颗粒是机械沉积碎屑物，可以是岩石的碎屑（岩屑）、矿物碎屑（如长石、石英、云母等）、生物碎屑以及火山喷发的固体物质（火山碎屑）等。以上碎屑物由填隙物质充填而形成。按照碎屑粒径可分为：砾状结构，粒径>2mm；砂状结构，粒径0.05~2mm；粉砂状结构，粒径0.005~0.05mm；泥状结构，粒径<0.005mm。

具有砾状结构和砂状结构的岩石用肉眼可以分辨出其中碎屑的外形，同时可以看出其中碎屑颗粒与基质（碎屑之间细小的充填物）、胶结物的关系（图4-16）。粉砂结构者可以通过放大镜辨认其中碎屑的边界。泥状结构的岩石,只能借助显微镜才能辨认出其中的黏土碎屑颗粒,但泥质结构的岩石用手摸有滑腻感。

碎屑颗粒粗细的均匀程度,称为分选性,大小均匀者,称为分选良好;大小混杂者,称为分选差(图4-17)。碎屑颗粒的棱角磨损度,称为磨圆度或圆度。磨圆度有不同级别:棱角全部被磨损并圆化者,称为圆形;棱角大部分被磨损者,称为次圆形;棱角部分被磨损者,称为次棱角形;棱角完全未被磨损者,称为棱角形(图4-18)。

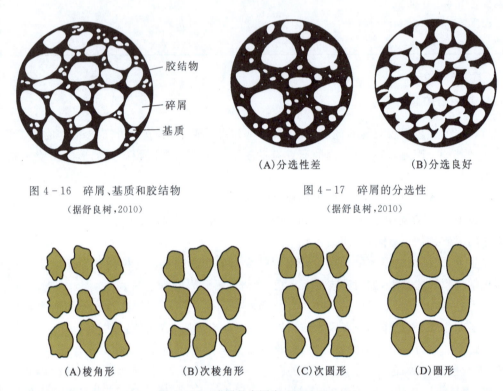

图4-16 碎屑、基质和胶结物
(据舒良树,2010)

图4-17 碎屑的分选性
(据舒良树,2010)

图4-18 碎屑的磨圆度(据舒良树,2010)

当碎屑颗粒为火山固体喷发物的时候,则称为火山碎屑结构,火山碎屑可以是火山熔岩、晶体的碎屑。根据火山碎屑大小可细分为火山集块结构(粒径>64mm)、火山角砾结构(粒径2~64mm)和凝灰结构(粒径<2mm)。

(2)非碎屑结构。

岩石中的组成物质由化学沉积作用或者生物化学沉积作用形成。其中大多数为晶质或隐晶质,少数为非晶质,或呈凝聚的颗粒状结构。常见的有晶粒结构、粒屑结构、生物结构。

晶粒结构:由化学沉积作用形成的岩石的结构,是碳酸盐岩(灰岩、白云岩)的常见结构类型,颗粒主要由结晶的方解石、白云石矿物组成,按照晶体的大小可以细分为:隐晶质结构,粒径<0.001mm;微晶结构,粒径0.001~0.01mm;粉晶结构,粒径0.01~0.05mm;细晶结构,粒径0.05~0.25mm;中晶结构,粒径0.25~0.5mm;粗晶结构,粒径0.5~4mm;巨晶结构,粒径>4mm。

粒屑结构：是碳酸盐岩中特有的结构，由沉积盆地内部形成的沉积物受水动力作用而被机械破碎，在盆地内经过一定的搬运而沉积，并由与碎屑成分相同或接近的物质胶结而形成的结构，可细分为内碎屑、生物碎屑、鲕状、豆状结构等。

生物结构：由生物遗体为主组成的岩石的结构，生物含量在30%以上，为灰岩和硅质岩的常见结构。

3. 沉积岩构造

岩石的构造指组成岩石的各种组分的空间分布和排列方式所显示出来的形貌特征，一般在沉积岩形成的同时或者成岩早期生成。沉积岩的构造包括层面和层理构造量大类。

（1）层理构造。

层理构造指沉积岩的成层性。它是由岩石组分的颜色、成分、粒度、结构等沿垂直于岩层方向变化而形成的一种层状构造，反映了不同时期沉积作用性质的变化，是区别于岩浆岩、变质岩最重要的标志。

构成层理构造的单位包括纹层、层系（组）和层面。纹层也称细层，由成分单一的细微薄片组成。层系是指由结构和产状相似的纹层组合而成的；层系组是指在相似沉积环境下形成的层系的组合，代表一套层理的基本单元。层面是指层系组间的界面，是通过沉积间断或介质动力状态转换形成的（图4-19）。根据层理中纹层的特点，可以将层理划分为不同类型。

平行层理：纹层界面平直且相互平行，并与层面一致，但成分以砂质颗粒为主，质地粗糙，常伴有冲刷痕，是在较强的水动力条件下形成的[图4-20(A)]。

水平层理：纹层界面平直且相互平行，并与层面

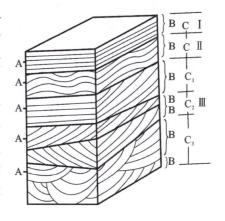

图4-19　层理的主要类型
（据杨伦等，1998）
Ⅰ.水平层理；Ⅱ.波状层理；Ⅲ.斜层理；
C_1.板状层系组；C_2.楔状层系组；C_3.槽状层系组；B.层系；A.细层

一致。一般由在静水环境中悬浮的粉砂和黏土缓慢沉积形成，如湖心沉积，沉积表面呈水平状态[图4-20(B)]。

递变层理：又称粒序层理层，其特征是系组内从底到顶粒度由粗向细逐渐变化显示出来的层理。它的形成主要是由介质动力由强逐渐减弱所致。同一层内碎屑颗粒从下往上逐渐变粗者，称为反递变层理。

交错层理：纹层倾斜或相互交错，包括板状斜层理（层系界面为平面且大致平行）、楔状斜层理（层系界面为平面但不平行）、槽状斜面层理（细层和界面呈槽状，层系界面呈弧状交切）、羽状交错层理（两组不同方向的斜层理组合而成）[图4-20(C)、(D)]。斜层理及交错层理的前积层倾向与介质动力（水或者风）的运动方向一致，其规模与介质动力的强度有关。同时斜层理一般底部收敛、顶部发散，因而可以帮助野外识别沉积岩地层的顶底面，从而判断是否发生地层倒转。

波状层理：细层界面波状起伏，但总体方向平行层面，由水介质呈波状运动所致。

图 4-20 常见层理

(A)砂岩中的平行层理(肖国桥摄于 2017 年);(B)泥岩中的水平层理(肖国桥摄于 2017 年);(C)风成斜层理(青海沙珠玉,谢树成摄于 2017 年);(D)羽状交错层理(北戴河鸡冠山龙山组砂岩,谢树成摄于 2017 年)

凸透镜状层理:泥质沉积层系中夹有多层小型凸镜状沙体,在河道及潮汐水道的沉积环境比较常见。

块状层理:在厚达几十厘米的一层内,肉眼不见上述层理,岩石成分、颜色、粒度均匀,常是快速堆积的反映(无层理)。

由层面分割的各层岩石厚度(层的顶底面之间的距离)是不等的,描述时一般根据以下标准进行划分:块状,厚度>1m;厚层状,厚度 0.5~1m;中层状,厚度 0.1~0.5m;薄层状,厚度 0.01~0.1m;微层状,厚度<0.01m。

(2)层面构造。

层面构造指发育于岩层表面的各种构造,往往能够指示沉积岩形成时的环境特征。在实习区常见的层面构造主要有波痕和泥裂构造两类。

波痕指层面有规律的波状起伏构造,它是沉积介质动荡的标志,常见于具有碎屑结构岩层的表面,如鸡冠山路线上可观察到龙山组砂岩表面发育的大型古波痕构造[图 3-29(A)],但有时在碳酸盐岩表面也能观察到[图 3-37(C)],如亮甲山组泥质条带灰岩的层面上即可观察到规模较小但分布广泛的波痕构造。与滨海区观察到的现代波痕类似,波痕的形态(对称的、不对称的,波峰有圆顶、尖顶及平顶)、波长、波高等参数与水动力条件有关。

泥裂指岩层表面垂直向下的多边形裂缝构造,是沉积物暴露地表后失水变干收缩形成的裂缝,一般发育于泥岩中,早期形成的裂缝往往被后期的砂、粉砂、炭或其他物质充填。显然,泥裂是一种典型的暴露标志,指示干旱的沉积环境。此外,利用泥裂可以确定岩层的顶、底面,即裂缝开口大的方向为顶,裂缝尖灭方向为底(图4-21)。

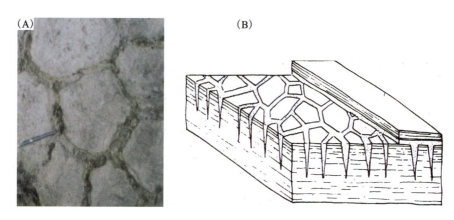

图4-21 泥裂的平面特征(A)和剖面特征示意图(B)

4. 沉积岩的描述方法

沉积岩的描述应该从以下几个方面进行:颜色(原生及次生色)、结构(颗粒大小、形态及排列方式)、构造(有无层理、岩层厚度)、矿物成分及其百分含量、特殊标志。

如亮甲山组顶部石灰岩的岩性描述为:青灰色;微晶—隐晶质结构;中厚层—厚层状,单层厚度0.3~1m,块状构造;滴盐酸剧烈起泡;含有大量垂直层面和平行层面的虫孔,均被土黄色泥质灰岩充填;可见蛇卷螺化石,化石大小为0.3~2cm。定名为青灰色中厚层状微晶—隐晶虫孔灰岩。

再如龙山组砂岩的岩性描述为:灰白色;砂状结构,分选好,颗粒为圆形;厚层状,具交错层理、平行层理、透镜状层理及波痕构造;以石英碎屑为主,含量可达90%以上,含少量长石碎屑。定名为灰白色中厚层状中粗粒石英砂岩。

三、岩浆岩野外鉴定和描述方法

岩浆是指地球深部产生的,炽热,黏稠,以硅酸盐为主要成分,含有挥发分和晶体的熔融体。岩浆的温度范围为700℃~1500℃。岩浆从地下深部产生,随后上升并就位于地壳深处,或喷出地表,最后冷却并固结为岩石的全过程,称为岩浆作用。所形成的岩石为岩浆岩,又称火成岩。

岩浆侵入就位于地下深处并冷凝固结的过程,称为侵入作用,所形成的岩石为侵入岩。岩浆喷出地表并冷凝固结的过程,称为喷出作用,或称火山作用,所形成的岩石为喷出岩或火山岩。岩浆喷出地表的方式有喷溢和爆发两种:从火山口喷溢出来的以液态组分为主的岩浆在地表冷却固结而形成的岩石称为熔岩;从火山口爆发出来的各种碎屑堆积形成的岩石称为火山碎屑岩。常见的熔岩有玄武岩、安山岩、流纹岩等,常见的火山碎屑岩包括火山集块岩、火山角砾岩和凝灰岩。

岩浆岩的野外观察一般包括矿物成分、结构、构造、产状、相及分类命名。

1. 岩浆岩的矿物成分

常见的岩浆岩造岩矿物有 20 多种,其中主要的有以下几种:橄榄石、辉石、角闪石、黑云母、白云母、斜长石、碱性长石、石英。由于这几种矿物在岩浆岩中的组合和相对含量不同,从而构成不同种类的岩石。如基性、超基性岩石中橄榄石、辉石含量较高,而中性岩浆岩中角闪石含量较高,酸性岩浆岩的石英含量较高(表 4-2)。

表 4-2 岩浆岩分类表

大类	SiO_2	矿物	深成岩	喷出岩	浅成岩
超基性岩	<45%	橄榄石 辉石	橄榄岩 辉岩	金伯利岩 苦橄岩	苦橄玢岩
基性岩	45%~53%	斜长石 辉石 (角闪岩)	辉长岩	玄武岩	辉绿岩
中性岩	53%~66%	斜长石 角闪石 (黑云母,辉石)	闪长岩	安山岩	闪长玢岩
酸性岩	>66%	钾长石 斜长石 石英 黑云母	花岗闪长岩 花岗岩	英安岩 流纹岩	花岗闪长斑岩 花岗斑岩

注:据杨伦等,1998。

岩浆岩的矿物组成影响了岩石的颜色。首先,对于较粗结晶颗粒的岩浆岩,暗色矿物(橄榄石、辉石、角闪石、黑云母)含量会显著影响颜色的整体色率,暗色矿物含量高,则岩石的颜色整体较深;反之,斜长石、碱性长石、石英浅色矿物含量高,则岩石颜色偏浅。其次,暗色矿物的粒度也会影响岩石的颜色,粒度越细,对岩石的暗色效果也越显著,使颜色呈现较深甚至很暗的颜色,这时岩石的整体颜色并非与暗色矿物的实际含量成正比。比如黑曜岩的主要成分是无色透明的流纹质火山玻璃,但由于含细小且分散的磁铁矿微晶,因而使黑曜岩呈现沥青黑色,但实际上磁铁矿含量不足 5%。

2. 岩浆岩的结构

岩浆岩的结构指组成岩石的矿物结晶程度、颗粒大小、晶体形态、自形程度及矿物间相互的关系。由于肉眼鉴定岩石的限制,一般只能观察到部分结构特征,如结晶程度和颗粒大小等(图 4-22)。

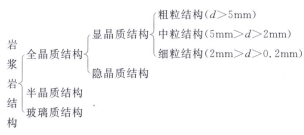

图4-22 按照矿物颗粒绝对大小划分的岩浆岩结构类型

依据岩石中结晶质与非结晶质(玻璃质)的相对比例可以分为3类。

全晶质结构:岩石全部由已经结晶的矿物组成,是岩浆岩在缓慢的冷却条件下(如地表以下)结晶形成的,多见于侵入岩。全晶质结构中,如果肉眼及借助放大镜可以识别其中的矿物颗粒,则称为显晶质结构,按照颗粒的直径大小可以进一步分为粗粒结构(直径>5mm)、中粒结构(直径5~2mm)和细粒结构(直径2~0.2mm)。如果肉眼及借助放大镜无法识别其中的矿物颗粒,只有在显微镜下才能看到其中的矿物晶体,这种全晶质结构称为隐晶质结构,一般颗粒的粒径小于0.02mm。具有隐晶质结构的岩石表面光泽较暗淡,呈瓷瓦状断口,用小刀刻划不易崩裂。

玻璃质结构:岩石几乎全部由未结晶的玻璃质组成。是岩浆在快速冷却(淬火)条件下形成的,主要见于喷出岩,也可见于浅成岩的边缘。其特征是岩石表面光滑,呈玻璃光泽,贝壳状断面,质脆,用小刀刻划时容易崩裂。

半晶质结构:岩石由部分结晶的矿物和部分玻璃质组成,多见于喷出岩和部分浅成侵入岩中。

按照矿物相对大小划分,岩浆岩的结构包含以下类别。

等粒结构:岩石中同种主要矿物颗粒大小大致相等。

不等粒结构:岩石中同种矿物颗粒大小不等,连续跨几个粒级。

斑状结构及似斑状结构:组成岩石的矿物明显分为大小截然不同的两群,大者称为斑晶,小者称为基质,中间不存在过渡颗粒。如果基质是隐晶质或者玻璃质的,则构成斑状结构。如果基质是显晶质的,则构成似斑状结构。斑状结构是浅成岩和喷出岩的重要结构,斑晶和基质属于不同世代,斑晶于地下较深处早期结晶形成。似斑状结构多见于深成侵入岩中,斑晶与基质同时或稍早形成。

3. 岩浆岩的构造

岩浆岩的构造是指组成岩石的各部分[矿物集合体和(或)玻璃等部分]的相互排列、配置与充填方式。常见的岩浆岩构造主要有以下几种。

块状构造:岩石中的矿物分布均匀,无定向性,无空洞,矿物紧密结合。这是最常见的构造。

斑杂构造:岩石中不同部位的矿物组合或颜色存在很大差异,如一些地方暗色矿物多,一些地方又很少,使岩石呈现斑斑驳驳的外貌。

条带状构造:表现为岩石中具有不同结构或不同矿物成分的条带交替,彼此平行排列。

流纹构造:表现为不同颜色和结构的条纹以及矿物晶体、拉长的气孔定向排列,反映熔岩流流动状态。流纹构造是酸性熔岩中最常见的构造,有时在浅成岩体边缘也可以见到。

气孔或杏仁构造:未能逸出的气体残留在岩石中而形成的大小不等的孔洞称气孔构造,气孔被后期物质充填后形似杏仁,称杏仁构造。是喷出岩中常见的构造,主要见于熔岩层(一次喷发)的顶部。在同一次喷发的熔岩层中,气孔分布及形态特征不同:一般顶部气孔多而圆;底部气孔少而不规则,有时沿熔岩流流动方向被拉长或者弯曲成管状;中部气孔很少,多为致密层。气孔的形态还与岩浆黏度有关:基性岩浆黏度小,因此熔岩中的气孔多呈形态规则的圆形、椭圆形,并且气孔内壁较光滑;而黏度较大的酸性岩浆形成的熔岩中的气孔多为不规则状,内壁也不平整。

枕状构造:这是海底基性熔岩常见的构造。岩石由大小不等的枕状体构成,一般每个岩枕顶面上凸,底面较平,外部为玻璃质壳,向内逐渐过渡为显晶质,气孔或杏仁体呈现同心层状分布,具放射状或同心圆状裂缝。

4. 岩浆岩的产状

岩浆岩的产状是指岩体的形态、大小、与围岩的接触关系以及其形成的地质构造环境。

侵入岩的产状:根据侵入深度分为深成侵入岩(侵入深度大于 3km)和浅成侵入岩(侵入深度小于 3km)。根据具体形态等特征可分为以下次级产状类型。

岩基:地表出露面积大于 100km² 深成侵入体,规模大,与围岩呈不协调接触关系。常形成于构造运动强烈地区的褶皱核部隆起地带,常由花岗岩组成,最大深度可达 10~30km。

岩株:是地表出露面积小于 100km² 的深成侵入体,与围岩呈不协调接触,可独立产出,但下部常与岩基相连,构成岩基顶部突起部分,岩株接触带上常形成铁、铜、金、银等金属矿床。

岩床:又称岩席,指厚度较均匀的与围岩层理面或顶底板近于平行的层状浅成侵入体,与围岩呈协调接触。

岩墙:指厚度较稳定,形状较规则,切穿围岩层理或片理的板状浅成侵入体,与围岩呈不协调接触,厚几十厘米至数十米,常成群产出。

岩盆:指侵入于层理之间,中央部位微向下凹的盆状浅成侵入体,与围岩呈协调接触,从边缘到中央厚度渐大。

岩盖:又称岩盘,指侵入于层理之间、上凸下平状浅成侵入体,与围岩呈协调接触,从边缘到中央厚度变大。

岩脉:指规模小,形状不规则、厚度变化大且呈分叉复合现象的脉络状浅成侵入体,与围岩常呈不协调接触,常为岩浆后期的产物。

5. 岩浆岩的野外描述方法

首先,从宏观上观察岩浆岩的产状及其与围岩的接触关系,确定其是哪种产状类型。然后,近距离观察岩石的颜色、结构、构造及矿物组成特征,最后进行定名。其中颜色的描述包括新鲜面的颜色及风化面的颜色。结构的描述如果是显晶质结构的,需要描述颗粒的大小、形态、双晶等特殊现象以及各种矿物的相对百分含量。有时会将矿物颗粒的绝对大小和相对大小结合使用,比如中粗粒不等粒结构。而在描述斑状、似斑状结构时必须分别描述斑晶和基质的特征,包括斑晶矿物类型、颜色、大小、含量,基质的矿物组成、粒度及各种矿物的相对含量。

以燕塞湖路线的斑状正长岩为例,规范的描述为:该岩体区域上呈环状岩墙产出,是采石场的主要岩类。新鲜面颜色呈肉红色,风化面土黄色。肉眼可见清晰的似斑状结构、块状构造。斑晶为肉红色的正长石,柱状晶形,单个斑晶大小 7~15mm,往往具有"红皮白心"的环边结构,即晶体内部是灰白色的,外围是一圈红色的。大量斑晶具有卡氏双晶,且双晶贯穿晶体的白色与红色部分,初步判断斑晶为正长石。基质显晶质,主要成分为正长石,可见少量石英颗粒,以及少量角闪石、黑云母和磁铁矿等,晶体大小 0.6~1.0mm。岩石中可见暗色矿物相对集中的包体,后期绿帘石化蚀变沿节理方向发育。

另外,在野外注意区分斑晶和杏仁构造。斑晶是单个的矿物晶体,形态往往比较规则,如正长石斑晶呈板状。杏仁构造一般是多个矿物晶体组成,呈圆形、椭圆形或不规则形状。斑晶与基质的矿物成分往往具有一定的继承性或关联性,比如亮甲山剖面上具有斑状结构的辉绿岩中的斑晶是辉石、斜长石,这两类矿物都是该岩石的主要组成矿物。但该剖面上的具有杏仁构造的辉绿岩中的杏仁是由方解石矿物集合体组成的,方解石不是辉绿岩的主要组成矿物。

第五节 实习区常见的矿物的鉴定特征

1. 矿物的一般鉴定方法

用常见矿物鉴定方法野外鉴别矿物是每一位地质工作者必备的基本技能。如何用肉眼快速鉴别矿物是衡量你是否熟练掌握基本地质工作技能的重要指标。

一般肉眼观察和鉴别矿物时,可借助小刀、指甲、放大镜和盐酸等基本工具,通过矿物的颜色、光泽、透明度、解理及硬度等性质进行判断,一些常见矿物的基本鉴定特征必须记牢。

首先判别矿物所在岩石的大类:沉积岩、岩浆岩和变质岩。

沉积岩中常见碳酸盐类矿物(方解石、白云石等)、石英、长石和高岭土、褐铁矿、云母等,一些岩屑实际上也由这些矿物组成。一般碳酸盐类矿物可用稀盐酸鉴别。石英具有突出的油脂光泽。长石具有解理。高岭石、褐铁矿和云母可据硬度、颜色和形状加以区别。

岩浆岩中可见大多数造岩矿物,如橄榄石、辉石、角闪石、黑云母、斜长石、正长石和石英等。可充分利用其颜色、解理、硬度和光泽等性质,区别上述矿物。其中,斜长石和正长石通常以颜色相区别,另外,前者可见聚片双晶,后者呈卡氏双晶。

变质岩中出现一些特殊变质矿物,除常见造岩矿物之外,可见红柱石、矽线石、蓝晶石、石榴子石、透闪石、透辉石和十字石等。借助小刀、放大镜和盐酸等,可初步鉴别上述矿物。

野外鉴别矿物是一件非常重要的基本技能,需要长期观察、训练和总结。建议学生在野外逐渐养成多观察、多鉴定和多思考的习惯,不断磨炼,不断提高,日趋完善。

2. 实习区路线上可能遇到的常见矿物及其主要鉴定特征

石英 Quartz(Qtz):三方晶系。晶体常为六方柱、菱面体,有时呈三方双锥、三方偏方面体,柱面常见生长横纹。显晶质集合体多为晶簇、粒状和致密块状,隐晶质或玻璃质集合体常呈壳状、球状或结核状。呈晶腺状同心圈状或成层分布者常被称为玛瑙。颜色以白色为主,因杂质不同可呈紫色、烟灰色、黑色、粉红色和黄色等。晶面具玻璃光泽,无解理,断口突显油脂光泽,硬度大于小刀(摩氏硬度 7)。

斜长石 Plagioclase(Pl):是一组类质同象系列矿物的总称,由钠长石端元($NaAlSi_3O_8$)和钙长石端元($CaAl_2Si_2O_8$)组成一组连续系列矿物。单体多为板状和板柱状,常见聚片双晶。以白色和灰白色为主,少数呈红色。晶体常呈环带状产出。玻璃光泽,解理发育,硬度大于小刀。

正长石 Orthoclase(Or):是一组由钠长石端元($NaAlSi_3O_8$)和钾长石端元($KAlSi_3O_8$)组成的不连续系列矿物总称。晶体多呈短柱状或厚板状,发育卡氏双晶或接触双晶。集合体多为粒状或块状。以肉红色为主,可见淡黄色、灰白色。晶体可呈环带状产出。玻璃光泽,硬度大于小刀。

方解石 Calcite(Cal):三方晶系。晶体常呈菱面体、复三方偏三角面体、六方柱和平行双面。可见聚片双晶和接触双晶。集合体呈晶簇、粒状、致密块状、结核状和土状等。以白色为主,可见浅黄色、紫色、浅红色和褐色等。无色透明者称为冰洲石,是重要的光学设备材料。玻璃光泽,具完全解理,硬度小于小刀(摩氏硬度 3),滴稀盐酸起泡。

白云石 Dolomite(Dol):三方晶系。晶体常呈菱面体,聚片双晶发育。集合体多呈粒状和致密块状。以白色为主,可见灰色、褐灰色等。玻璃光泽,解理发育,硬度小于小刀,遇稀盐酸起泡较慢。

高岭土 Kaolinite(Kln 或 Kao):因广泛分布于我国江西景德镇的高岭山而得名,是陶瓷的必备原料。三斜晶系。晶体极细小。集合体常呈土状或块状。以白色为主,可见淡红色、蓝色、绿色。土状光泽、蜡状光泽。硬度小于小刀(摩氏硬度 1)。易变形,可搓成粉末。干燥时有吸水性(粘舌头),湿润时具可塑性,但不膨胀。

蛭石 Vermiculite(Vrm):成分多变,多由黑云母风化而来。片状、鳞片状或土状。黑色、褐色和褐黄色。外形似黑云母,光泽弱。硬度小,有解理。薄片具弹性,灼热下显著膨胀成蚂蟥状(手风琴)弯曲柱。相对密度小,可浮于水面上。

铝土矿:是铝的氢氧化物与含水氧化铁、二氧化硅等其他矿物构成的细分散混合物。呈鲕状、豆状、肾状和块状等集合体产出。灰白色、褐灰色、黑灰色等,可见红褐色斑点。淡灰色、灰色条痕。非金属光泽。硬度变化大(2.5~7),相对密度中等(2.35~3.5)。呵气后有强烈土臭气味。手感粗糙,无可塑性。

橄榄石 Olivine(Ol):斜方晶系。晶体呈柱状或厚板状,性脆易碎。集合体多呈粒状。颜色以橄榄绿色为主,可见白色、淡黄色和淡绿色。玻璃光泽。解理不很发育,常见贝壳状断口。硬度大于小刀。易被风化蚀变。

辉石：包括斜方辉石（顽火辉石、铁辉石系列）和单斜辉石（透辉石、钙铁辉石系列）两个亚类，属于单链状结构硅酸盐。常见的普通辉石（Augite，Aug）为单斜晶系，短柱状，横截面正方形或正八边形。集合体呈粒状、柱状、放射状和致密块状。以灰绿色为主，可见白色、浅灰绿色和墨绿色。白色条痕。玻璃光泽。两组解理发育，呈直角相交。硬度略大于小刀。

角闪石：包括斜方角闪石和单斜角闪石两个亚属。常见普通角闪石（单斜角闪石亚族，Hornblende，Hbl）晶体呈长柱状，横断面呈假六边形。集合体多呈细柱状、针状或纤维状。深绿色至墨绿色。白色或无色条痕。玻璃光泽。两组解理发育，交角近60°或120°。硬度与小刀相近。

云母：据颜色常见黑云母（Biotite，Bt）和白云母（Muscovite，Ms）两种类型。单斜晶系。晶体呈片状、板状或鳞片状集合体产出。易用小刀剥落，具弹性。玻璃光泽，解理很发育。解理面呈现强珍珠光泽，常有压线纹。硬度与指甲相当（摩氏硬度2～3）。细小的鳞片状白云母也被称为绢云母。黑云母风化后变成蛭石（火烧剧烈膨胀），最终风化成高岭土和褐铁矿。

绿泥石 Chlorite（Chl）：是绿泥石族矿物的总称。分为富镁的正绿泥石矿物组合和富铁的鳞绿泥石矿物组合两个亚类。单斜晶系。晶体呈假六方片状或板状晶体，很少自然产出。集合体常呈鳞片状。绿色，玻璃光泽，解理发育。硬度小于指甲。

黄铁矿 Pyrite（Py）：等轴晶系。常见完好单晶，多呈立方体、五角十二面体及八面体。晶面上可见生长纹。集合体多呈致密块状、分散粒状和球状结核。浅铜黄色，表面黄褐色。条痕绿黑色或褐黑色。强金属光泽。不透明，无解理，性脆易碎。硬度大于小刀。

赤铁矿 Hematite（Hem）：单晶少见，个别片状晶形者称为镜铁矿。集合体常呈块状、鲕状、豆状及粉末状。赤红色，樱红色条痕。半金属光泽，土状光泽。硬度与小刀相近。无解理。相对密度大，无磁性。

褐铁矿 Limonite（Lm）：是含水氢氧化铁胶凝体、硅氢氧化物和泥质等的混合物。常呈肾状、钟乳状、土块状和粉末状等。颜色多变，黄褐色、深褐色、褐黑色等，条痕色樱红。半金属光泽，土状光泽。硬度小于小刀，相对密度中等。

磁铁矿 Magnetite（Mag）：等轴晶系。单晶常呈八面体，少数菱形十二面体。集合体常见粒状、致密块状等。铁黑色，条痕黑色。半金属光泽。硬度大于小刀。无解理，性脆易碎。具强磁性，相对密度大。

主要参考文献

河北省地质矿产局,1989.河北省北京市天津市区域地质志[M].北京:地质出版社.

李尚宽,1982.素描地质学[M].北京:地质出版社.

李越,季建清,涂继耀,等,2009.燕山东部柳江地区构造属性新解与炎仔庐断裂系活动[J].岩石学报,23(03):675-681.

刘健,赵越,柳小明,2006.冀北承德盆地髫髻山组火山岩的时代[J].岩石学报,22(11):2 617-2 630.

穆克敏,林景仟,邹祖荣,1989.华北地台区花岗质岩石的成因[M].长春:吉林科学技术出版社.

舒良树,2010.普通地质学(彩色版)[M].3版.北京:地质出版社.

王家生,2004.北戴河地质认识实习指导书(教师版)[M].武汉:中国地质大学出版社.

王家生,2011.北戴河地质认识实践教学指导书[M].武汉:中国地质大学出版社.

王珍茹,杨式溥,李福新,等,1988.青岛、北戴河现代潮间带底内动物及其遗迹[M].武汉:中国地质大学出版社.

文霞,马昌前,桑隆康,等,2013.燕山造山带后石湖山碱性环状杂岩体的成因与形成过程[J].地球科学——中国地质大学学报,38(4):689-714.

万晓樵,孙立新,李玮,2020.燕辽地区土城子组古生物组合与陆相侏罗系—白垩系界线年代地层[J].古生物学,59:3-14.

杨丙中,李良芳,徐开志,等,1984.石门寨地质及教学实习指导书[M].长春:吉林大学出版社.

杨伦,刘少峰,王家生,1998.普通地质学简明教程[M].武汉:中国地质大学出版社.

于海飞,张志诚,帅歌伟,等,2016.北京十三陵—西山髫髻山组火山岩年龄及其地质意义[J].地质论评,62(4):807-826.

CHANG S C, ZHANG H, RENNE P R, et al, 2009. High-precision $^{40}Ar/^{39}Ar$ age constraints on the basal Lanqi Formation and its implications for the origin of angiosperm plants[J]. Earth and Planetary Science Letters, 279:212-221.

HAO W, ZHU R, ZHU G, 2021. Jurassic tectonics of the eastern North China Craton: response to initial subduction of the Paleo-Pacific Plate[J]. GSA Bulletin, 133:19-36.

WU G L, MENG Q R, ZHU R X, et al, 2021. Middle Jurassic orogeny in the northern North China block[J]. Tectonophysics, 801:228 713.

YANG J H, WU F Y, WILDE S A, et al, 2008. Petrogenesis and geodynamics of Late Archean magmatism in eastern Hebei, eastern North China Craton: geochronological, geochemical and Nd – Hf isotopic evidence[J]. Precambrian Research, 167(1 – 2):125 – 149.

YU Z, HE H, Li G, et al, 2021. SIMS U – Pb geochronology for the Jurassic Yanliao Biota from Bawanggou section, Qinglong (northern Hebei Province, China)[J]. International Geology Review, 63:265 – 275.

常用地质图例

1. 松散堆积物

砾石	石英砂岩	白云质灰岩
砂砾石	长石砂岩	碳质灰岩
角砾	长石石英砂岩	结晶灰岩
砂	复成分砂岩	结核灰岩
黄土	海绿石砂岩	含燧石结核灰岩
红土	泥质砂岩	条带状灰岩
黏土	泥质粉砂岩	碎屑灰岩
淤泥	钙质砂岩	竹叶状灰岩
碳质黏土	铁质砂岩	鲕状灰岩
腐殖土层	砂质泥岩	砂质泥灰岩
半风化壳	页岩	白云岩
钙质黏土	砂质页岩	泥质白云岩

2. 沉积岩

角砾岩	钙质页岩
砾岩	碳质页岩
砂砾岩	铁质页岩
含砂砾岩	铝质页岩
粗砂岩	硅质页岩
细砂岩	黏土岩(泥岩)
粉砂岩	灰岩
	砂质灰岩
	泥质灰岩
	硅质灰岩

续上:
硅质岩、煤层、交错层砂岩、生物碎屑灰岩、泥灰岩

3. 岩浆岩

橄榄岩
辉石橄榄岩
辉石岩

常用地质图例

角闪岩	英安岩	角度不整合界线（平面）
斜长岩	流纹岩	角度不整合界线（剖面）
辉长岩	集块岩	推测岩层界线
玢岩	火山角砾岩	地层产状
辉绿岩	凝灰岩	倒转地层产状
闪长岩		正断层
角闪闪长岩	**4. 变质岩**	逆断层
花岗闪长岩	千枚岩	平移断层
闪长玢岩	板岩	性质不明断层
花岗闪长斑岩	片岩	推测断层
花岗斑岩	片麻岩	背斜
花岗岩	石英岩	向斜
二长岩	角岩	剖面方位
正长岩	大理岩	
煌斑岩	碎裂岩	**6. 地物标志**
玄武岩	糜棱岩	建筑物
杏仁状玄武岩	混合岩	泉
安山玄武岩	混合花岗岩	温泉
安山岩		水面
辉石安山岩	**5. 地质构造**	水库
角闪安山岩	整合岩层界线	铁路
斜长安山岩	平行不整合界线	

附图1 实习区地质图

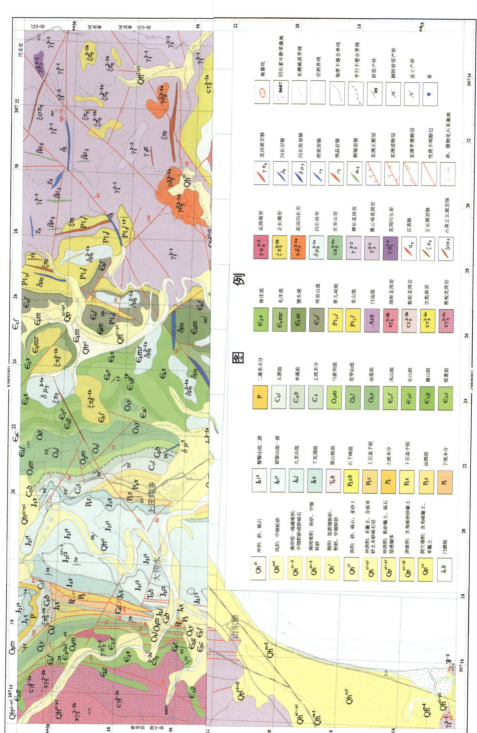

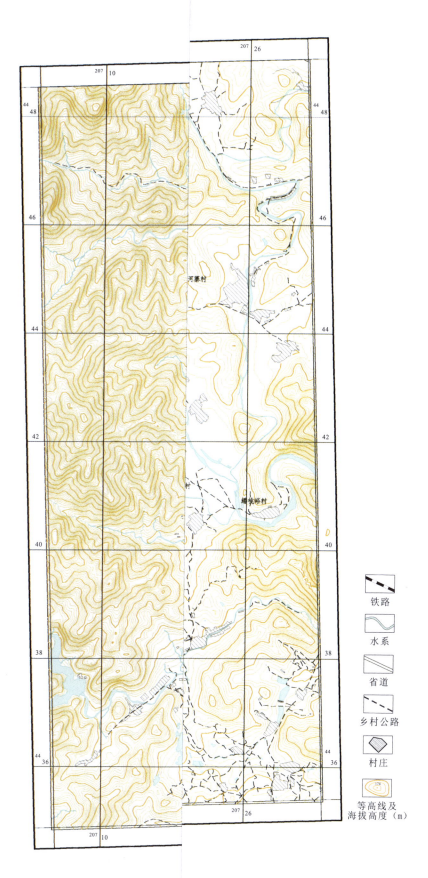